创意无所不能！

小空间花园设计

How to make a small garden

日本朝日新闻出版社 / 编　　金阳 / 译

CTS Ⓚ 湖南科学技术出版社

目　录
CONTENTS

第 1 章
制订园艺计划

第 2 章
1 坪也不能放弃，小空间绿化创意

第 3 章
理想花园设计案例

第 4 章
不同空间的设计技巧

第 5 章
园艺基础及植物的打理方法

第 6 章
混栽植物和吊挂植物

第 1 章

制订园艺计划

花园的打造，究竟应该从哪里着手呢？说起花园的设计，很多人更是一头雾水。

对于初次接触园艺的人来说，这是常见的烦恼。其实，打造花园的第一步应该是确认自家花园的环境及条件，在此基础上，再去设计与之相符合的风格和样子。

1

房屋内侧

➡ P.4

SPACE

2

房屋侧面窄道

➡ P.5

10 类花园空间

你家的花园空间是什么样的？

在自己的房子里寻找一处能够被打造为花园的地方吧。

有的地方乍一看并不起眼，我们甚至会怀疑：

"这种地方怎么可能会有可塑性呢？"

但是，之后或许我们会意外地发现，"这种地方"其实非常适合打造为花园。

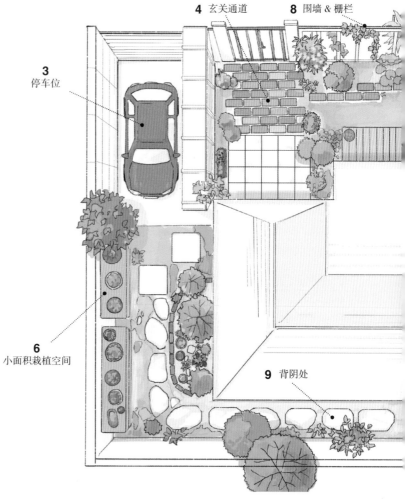

4 玄关通道

8 围墙 & 栅栏

3 停车位

6 小面积栽植空间

9 背阴处

SPACE

3

停车位

➡ P.6

SPACE

4

玄关通道

➡ P.7

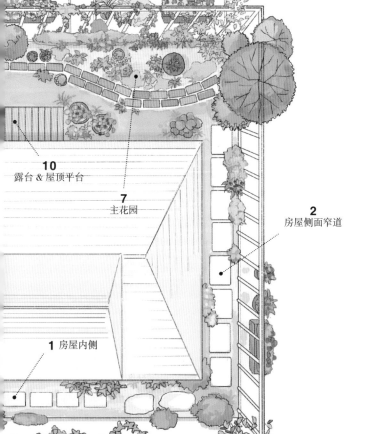

5 紧邻公共道路的栽植空间

10 露台 & 屋顶平台

7 主花园

2 房屋侧面窄道

1 房屋内侧

还自己一方净土，享受私密，安心做自己

　　或许你的家里也有这么一块地方，它紧挨着隔壁，因而不具备足够的私密性。考虑到这一点，我们往往会选择在这里搭建篱笆或围墙。然而，篱笆或围墙却遮挡了部分阳光的射入，容易让这里变得愈发阴暗。为了解决这个问题，我们最好使用一些艳丽的颜色来装点篱笆或围墙。此时，攀援植物或许能够成为我们的绝佳帮手。之所以这么说，是因为攀援植物具有极强的缠绕、攀爬能力，能够爬满篱笆和墙体，缠绕住窗户边缘和拱门门框，起到较好的装扮作用。此外，由于植物生长在相对较高的位置，所以也保证了其花朵和枝叶能够沐浴到更充足的阳光。在私密性方面，篱笆在我们和邻居之间蒙上了一层面纱，也将这一小块空间打造成了独属于我们自己的净土，在这里我们无需在意他人的眼光，可以安心地做回自己。所以，让我们除掉那些令人不快的杂草，再拿出各种心仪的装饰物件，来打造这一个安逸的秘密空间吧。即使家里的房子面积或环境并不确保能够打造一个精美的主花园，但是只要创意升级，或许我们就能够打造一个足够与之匹配的治愈空间。

> 日光透过攀援蔷薇的枝叶
> 投下了斑驳的光影

容易沦落为杂物堆放点的
房屋内侧

　　每个家庭都会或多或少有一些闲置杂物，而我们也很容易在不知不觉的情况下把它们全部堆放到家里某个不显眼的地方。久而久之，这个地方也会沦为我们嫌而远之之处。然而，殊不知即使是这样的地方，也具备化身为精美花园的无限可能。

🏠 伊藤家

纵深 1.4 m。添置吧台和长椅之后，变身为家庭休息空间。

🏠 高桥家

花园主人在展开双臂勉强能够通行的空间里，打造了一条砖砌小路，并设计了一扇蔷薇拱门。

阴暗潮湿的
房屋侧面窄道

勉强容得下一人通过的狭窄小路。
日光难得，湿气颇重。
利用自己喜欢的植物，
把减分的环境改造为加分的风景吧。

⌂ 饭田家

栽种在建筑物墙根处的华山矾茂盛地生长，枝叶交错盖住了路面，打造出了一个绿色圆拱顶棚。树阴下栽种了很多喜阴植物。

⌂ 伊藤家

花园主人用鲜艳的花朵装饰白色拱门和花台，打造出整体的立体感，完美实现了"曲径通幽处"。

不同的区域，日照方式也会有所不同

\ 把泥土隐藏起来 /

在小路上铺上石砖，在墙根处种上喜阴植物。蕾丝花的白色花朵完美地将泥土隐藏了起来。

　　当我们在考虑什么地方能够被打造成花园的时候，往往会忽略那些面积较小或光照条件相对较差的地方。例如，围墙和房屋之间的过道便是其一。而如若置之不理的话，过道里又会杂草丛生，极度影响美观。另一方面，除草工作又实在令人头疼不已。但是，如果我们从一开始就能花点心思把它打造成花园的一部分，或许就能从这种烦恼当中解脱出来。过道里的某些地方乍一看阴暗而不受阳光眷顾，但实际上，每天到了一定的时间点都会有阳光投射进来。此外，过道的入口处和深处的日照程度也是有所差异的。所以我们可以在仔细观察过道里的日照情况之后，为不同的空间选择不同的植物品种。这往往令人感到意外，看似狭窄的过道里竟然也可以种植树木。当然我们需要选择那些枝叶仅在头顶空间生长而不妨碍通行的树种。此时，我们会惊喜地发现，微曲的树干会在视觉上达到拓宽整体空间的效果。

可有效利用宽敞空间的
停车位

家里的停车位通常采取混凝土地面的设计，这种方案会让车位占据一定空间，还容易使其成为破坏风景的一角。为了解决这个问题，我们可以采取一些替代方案，例如留出部分空间用于种植等。如果种植方案没有可行性的话，也可以想办法接引或摆放一些绿植来作为装饰。

1　藤架凉亭
2　篱笆墙

↑ A家

在铺路石的间隙空间里种上绿植，让路面富于变化，不再死气沉沉。

1 搭建一个藤架凉亭，并种上攀援蔷薇。爬满藤架的绿意同白色的木架互相装点，画面和谐而清爽。

2 打造一排背靠墙壁的篱笆，引诱地面花盆里的蔷薇顺着篱笆攀援而上。另外，还可以搭配一些有意境的小物件。

3 我们还可以在停车位和房屋中间种植几棵低矮的树。当然，为了避免树枝挂到车身，我们需要定期修剪枝叶。

3

能够确保绿化空间的重要场所

我们需要在院子里为一辆车预留大约 20 m² 的停放空间。如果家里面积有限的话，最好从一开始就把车位设计成花园的一部分。如果可能的话，从房屋修建阶段开始就把车位的绿化问题纳入考量范围，最好能够尽可能多地保留绿植栽种空间。例如，车轮通过的路面可以用石头或枕木铺设，而其余部分则可以选择种植景天等繁殖力旺盛且枝叶高度有限的植物。根据停车的时长及出入频次的不同，周围的环境也随之改变。不过，即使没有合适的或足够的空间用来栽种绿植，我们也可以采取在车位周围搭建篱笆、种植攀援植物的方式来达到美化目的。此外，花架和吊挂植物也是不错的选择。

🏠 东川家

小小空间因为标志性树木和花草的绝妙搭配而显得别有一番风味。

🏠 岛村家

用石砖打造的花坛里种满了花草。掉落到花坛外的种子孕育出新的生命，让整体景致和谐统一。

可大幅度提升房屋颜值的
玄关通道

当客人来访时，首先映入其眼帘的便是玄关。正因如此，我们意图将此处打造成畅通无阻的怡人空间。假如此处种植空间不足，集装箱和花盆也能来助力哦。

\绿色隧道/

种植在狭小空间里的树木长出了茂密的枝叶，它们盖在小道的上方，俨然将其装扮成了一条通往玄关的绿色隧道。

🏠 饭田家

有效利用可移动型集装箱等工具

如果在踏入玄关的地方有一小块空地可供利用的话，那么我们便可将其打造为前院。在这里，我们可以种植一株具有代表性的树木作为府宅的象征。而那种能够将其自身形状投影到房屋外墙上的树种便是不错的选择。小道边可以只种诸如宿根植物、彩叶植物这类易于打理的观叶植物，而那些艳丽多姿的花花草草则最好栽种到集装箱和花盆里。平时就把它们养在花园的深处，待到花儿开得正烂漫的时候再将其整体搬到玄关外面来。如此，我们便经常能用季节性花草来迎接家里的客人了。如若玄关外面没有这样的空间，则可以试着打造一个花坛，也可以试着在集装箱或大号的花盆里栽种一些花草，注意控制其高度便好了。

紧邻公共道路的 栽植空间

为了有效利用有限的空间，我们也可以选择半包裹式的高围墙。如果能够花些心思在通向屋外道路的空间里进行种植，那么此处也将成为我们同过往行人交谈互动的一处好地方。

1

⌂ 西尾家

1 如若过往的行人恰好是植物控的话，那么这一方空间将成为你们互赠爱植、交流感情的媒介。

2 从房屋外观打造的阶段起就已经纳入设计计划的"迎客树"。树木苗壮生长的同时也提升了整个家的颜值。

3 小学生们上学、放学的时候都会经过这个花园。这在无形中培养了孩子们对于四季变迁的兴趣。

大家共同守护的花园更有利于防范入侵

最近，越来越多的家庭放弃了包裹式的高围墙，取而代之的是，打造出向外开放的栽植空间。他们这么做的理由在于开放式的栽植空间能够更好地防范入侵。这是因为，在这方栽植空间里，一年四季都有娇嫩的绿植和美丽的花朵，它们吸引了过往行人的眼球，从而在不知不觉间把他们都变成了护绿使者。有越多的人投以关注，这里便越发会成为一道亮丽的风景。其实只要我们用心观察，便很容易在公共道路和自家房屋的分界处找到很多适合打造成栽植空间的地方。只要降低围墙的高度，家和公共道路都能够成为栽植的背景，两侧的绿植交叉重叠更能打造出一层幽深色彩。但是，此处的土壤状况往往差强人意，建议在松土施肥之后再进行栽种。

2

⌂ Y家

3

⌂ TM家

可轻松管理的 小面积栽植空间

连花坛都称不上的小型栽植空间，
是非常适合园艺初学者用来练手的。
找这么一块空间，开始练习植物的管理方法和打理技巧吧。

用枕木圈出一块土地，打造成一个小型花坛。花儿们像是快要从花坛里跳跃出来似的，生机勃勃地向阳而生。这美妙的画面会给我们带来无限的快乐。

利用路面石砖间的空隙进行栽植。放在石台上的复古风的瓷钵成为点睛之笔。

在围墙内侧的小范围空间里种植诸如宿根植物一类的长日照花卉。宿根植物的颜色和造型都很美观，能够给我们带来视觉上的享受。

园艺初学者的最佳练习场

在着手打造花园之前，我们有必要仔细观察自家房屋四周的具体情况，观察之后往往会找到一些园艺小死角。要拯救这些死角，我们就必须因地制宜进行打理。例如，我们可以在日照不足的地方栽种喜阴植物；而如果某处的高度有限，就不能在这里种植高茎植物，而应该栽种枝叶横向生长的草木。由于绿色植物较少的地方反而更引人注目，就需要把这些死角打理得干净又美观。但是，越是近在眼前的地方，打理的时候就越容易出现差错。不过，一旦熟练起来，我们就会变得更乐意去尝试种植更多品种的植物，也会更乐意在家里打造更多诸如这样的绿色空间。

1 花园走廊的底部也是一个发挥创意的绝佳地点。绿化后的走廊能够将花园的绿意同建筑物完美连接起来。
2 在树枝的根部打造一片绿色地毯。小花配小草，点缀了整体环境。
3 在小树下种植一块形状、颜色各异的小草。小小的一块绿意也能够成为焦点。

融入日常生活的
主花园

主花园是最能发挥设计者个性的地方。由于确保了足够宽敞的空间，只要我们付出足够的时间和劳力，就可以看到主花园的蜕变。

1 杂木搭配花草的小道　　木村家
2 杂木与草坪　　F家
3 没有杂草的花园　　高桥家
4 鲜花与草坪　　岛村家

无论什么样的花园都需要确定一个焦点

1 这是一个让人抑制不住想要走入杂树林中散步的花园。漫步林间，拂过的微风足以温柔我们的心。

2 阳光透过树枝洒落到草坪上，阳光温柔，岁月静好。石径小路的设计也非常巧妙和温馨。

3 用心打造一个没有碍眼的杂草、各类植物相伴而生的花园。

4 各色鲜花点缀着绿油油的草坪。我们可以坐在草坪边的树下乘凉休憩。

提及花园，我们大多都会联想到宽敞的主花园。在设计花园的时候，如果主张和想法太多的话就容易把花园打造得不伦不类。所以，在花园设计的最初阶段，我们就应该将花园的功用及家人的想法纳入考量范围，从而确定一个统一的主题。正因为主花园的空间足够宽敞，所以无论我们想打造什么主题的花园，都需要确定一个焦点，使其毫无违和感地融入整个花园当中。对于初学者而言，凉亭、拱门一类的装饰性构筑物，或者富于设计感的桌子、长椅等都是不错的选择。

1 围墙和房檐上爬满了蔷薇，房屋化身绿色世界。
2 盛开的铁线莲装点了单调的灰色围墙和房屋。

根据个人的园艺精力选择植物的品种

围墙和栅栏是拓宽绿化表面积的画布。栽种在狭小的地面空间、集装箱或花盆里的攀援植物会快速地向更宽阔的空间里生长。除了美丽的蔷薇和铁线莲之外，野木瓜一类会结果的植物也可用于观赏。由于攀援植物需要我们花费较多的精力去调整其生长方向，所以如果想要省时省力的话，就建议栽植一年生植物。不过，攀援蔷薇中也有不需要人工牵引、固定其藤蔓的品种，所以我们可以在考虑了自己的园艺精力之后再来选择品种。此外，关于该品种是攀援而上更有活力还是垂吊下来更美观，请结合具体情况做出合理的规划。最后，在围墙或栅栏的内侧种植较为高大的植物作为背景，还能打造出幽深的效果。

8

可发挥想象力的
围墙 & 栅栏

如果家里的花园面积较小，我们可以考虑利用围墙和栅栏来增加绿化空间。如此一来，我们也能更立体地观赏到更多品种的攀援植物。

花草的绝佳
展示场所

3 由于围墙的造型本身并不单一，所以即使只有一种植物也并不显得单调。
4 围墙内侧的树木枝繁叶茂，成为满面蔷薇的美丽背景。

 花棚

 平林家

不能放弃的
背阴处

背阴花园充满了清凉氛围，能给
我们带来不同于向阳花园的治愈感。

上　即使是朝南的花园，在紧挨着隔壁的地方也很难充分享受阳光。此时，我们可以利用色彩鲜艳的花草来提亮空间。
下　挺拔的落叶树枝繁叶茂，青翠欲滴，隔着围墙装扮着我们的花园。

饭田家

打造喜阴植物的乐园

在打造花园的时候，背阴处是我们忍不住想要敬而远之的地方。以前一旦说起耐阴植物，我们在想到珊瑚木、八角金盘的同时，不免也会联想到其潮湿阴暗的生长环境。但是，如今我们却发现了很多"特立独行"的植物，它们与其说是"能够在背阴环境下生长"，不如说是"钟爱背阴环境"。例如，某些植物的叶子原本长着非常漂亮的斑点，但是在接触到强光之后反而会褪色变黑。所以我们应该花点心思为这些耐干、喜阴的植物打造一个专属的生长乐园。实际上，所谓的背阴处包含几种情况，要么只是上午或下午背阴，要么只是日照不强，再或者只是根据季节或时间段的不同日照方式有所差异罢了。所以我们要做的第一步便是观察背阴处的具体情况，对于背阴处的打造来说是非常重要的。

宅间家

1

能够绿意盎然的
露台 & 屋顶平台

即使完全没有可用于种植的土地，但是借助盆栽及攀援植物之力，我们仍然可以打造一个绿意盎然的花园。

打造一个能享受充足日照的敞亮花园

即使住在公寓或不附带种植空间的独户住宅里，我们依旧能够拥有一方属于自己的花园。阳台、屋顶露台或大平台，总有一处能够成为候补空间。阳台的栏杆同院子的围墙、栅栏一样，只要保证了充足的日照，也能成为攀援植物健康生长的绝佳场所。屋顶露台应该确保有相应的种植空间，而如果屋顶的大平台也得到利用的话，或许就能摇身一变，成为同一楼大相径庭且富于南国风情的敞亮花园。虽然这几个地方都能保证植物获得充足的日照，但是我们也有必要采取一些措施来应对干燥及强风等问题。此外，排水、土壤保湿及渗水等方面的问题，也都不容小觑。

2

A家

3

1 利用墙壁和收纳空间，合理摆放植物使其富于立体感。借用不远处的山丘为景，提升了整体美观。

2 被蓝天绿意包裹的舒适空间。爬满阳台格子栅栏的木香花花开正好。

3 依照花园设计师的建议，在家里添置了盆栽植物及花艺集装箱。今后可按照自己的想法在集装箱里栽种植物。

4 为了更好地排水，可将花盆置于花架之上，避免其同地面直接接触。

\ 活用集装箱和花盆 /

4

宅间家

你心中的理想花园是什么样的?

当我们在幻想自己心中的理想花园时，我们总是这个也想要那个也不想放弃，脑子里的想法层出不穷。此时，我们就需要先将这些想法整理出来再一一实现。当然，日后能否得心应手地打理花园也是我们不得不考虑的要素之一。

TASTE

1

光影斑驳的杂木庭院

庭院拥有树木便拥有了立体感。在酷暑或温暖的时节里，我们坐在庭院里便可享受从茂盛的枝叶间倾洒下来的缕缕阳光。而到了秋季，落叶纷飞，日光没有树叶的阻挡，直接照到我们的身上，给予我们温暖。如此一来，我们足不出户便能感知四季的迁移。

➡ P.16

TASTE

2

繁花似锦，四季飘香的花园

花草类植物生长得很快，在栽种下去的同时就需要开始细致的园艺工作。如果想要全年都有花可赏的话，或许可以选择打理起来不太费事的宿根植物和彩叶植物。

➡ P.18

TASTE

3

绿意盎然的
阳台花园

花园是一个家的第二客厅。而阳台则巧妙地将里屋和花园连接了起来。我们可以选择在阳台和花园里种植一些令人身心愉悦的植物，以便在这里用餐和休憩。

➥ P.20

TASTE

4

花木皆宜的草坪式
花园

同泥土院子相比，草坪式花园冬暖夏凉，花木皆宜。虽然打理起来稍显费劲，但是只要我们把草坪控制在可管理的范围之内，想必打理工作反而会别有一番自然风情。

➥ P.22

TASTE

5

和风尚存的日式庭院

即使如今我们已经过上了现代生活，心里也总盘算着要给榻榻米留一小块空间。同样地，我们也会希望在院子里保留一些和风。我们在继承了父母的院子之后，虽然会按照自己的喜好对其进行改造，但同时也希望能将过去生活的点滴融入其中。

➥ P.24

树形优美的枹栎和四照花过滤着阳光，巧妙地在草坪上留下斑驳光影。　　高大挺拔的紫茎遮挡了艳阳，留下片片凉爽的树阴。

光影斑驳的
杂木庭院

杂木的生命周期很长。
我们甚至可以设想在1年后、5年后、10年后漫步其中的场景。
对于一个庭院而言，杂木的存在是魅力非凡的。

🌲 树种的选择方法

　　如果全部选择落叶型树木的话，一旦到了冬季，院子就会显得非常萧瑟。因此，常绿树的加入会是不错的解决方案。此外，树木依据种类的不同，其生长速度、生长方向等都会大相径庭，因此我们最好选择同庭院环境及面积相符的树种。首先，我们可以选定一棵中高型树木作为标志性树木，然后再在其周边配置一些相对低矮的树种来追求整体环境的协调性。当然，我们也没有必要一次性将它们全部买回来种上，可以视已有树木的生长状况再一步步地添置。

🔨 搭配方案

　　在选择植树场所的时候，必须考虑树木的长势。比如说，花园小路两旁空间狭小，若想要在这里种树的话就必须考虑到日常的通行问题。在这种情况下，树干笔直纤长，树叶仅长在树端的树种就是不错的选择。此外，在多棵树木同时种植的情况下，最好不要按直线排列种植。错落开的树干会使得枝叶交错叠加，漫步其中的时候就能够给人步入丛林深处的感觉。

美丽的杂木

春有新绿，夏变葱郁，到了秋日，红叶似火打发了萧瑟。就这样，杂木总是用与四季相呼应的景色装点着庭院。此外，不同品种的树木又给庭院增添了不同色彩的活力。可以说，杂木是庭院的最佳装饰。

四照花

到了每年的 5 月前后，四照花树的枝头就会开出大朵大朵的被称作"总苞"的白色花朵。部分品种的四照花树到了秋天还会结出红色的果实。

叶枫

梣叶枫的新芽呈淡粉色，远看就像一只小小的火烈鸟，美丽迷人。它对于日照条件没有严苛的要求，可被种植在光照条件不好的地方。它还能够较好地抵御虫害，减轻除虫负担。梣叶枫兼具耐热、耐寒的双重属性，非常易于存活。

金叶刺槐

金叶刺槐的叶子在春季呈金黄色，到了夏季会变为黄绿色，叶色变化丰富，极为美丽。如果在院子里种上一棵金叶刺槐，整个院子都会变得明亮而魅力非凡。值得注意的是，金叶刺槐的长势非常迅速，需要定期进行较大力度的修剪。

同杂木和谐共生的耐阴花草

树木下方长出的各类花草，能装饰裸露的树根，还能压实培土。树木繁茂的枝叶遮挡住阳光，给我们带来清凉的同时，也夺走了树根周围植物的光照。因此，在树根处栽种花草时只能选择耐阴植物。当然，考虑到这里的空间环境，我们也应该尽量控制花草的长势和高度。

灯盏花

灯盏花是飞蓬草和一年蓬这些野草的好伙伴。花初开的时候呈白色，渐渐地会变成可爱的粉色。生命力旺盛，甚至能够铺满地面。

风知草

每当微风袭来，风知草细长的叶子便会随之摇曳，宛若少女般风情万种。这是风知草名字的由来。其美丽的外形既适合西式花园，也不会同日式庭院产生丝毫违和感。

荚果蕨

荚果蕨的嫩芽又被称作"黄瓜香"，尖端向内卷曲，呈球状。发育完后的荚果蕨颜色翠绿，形状美观，足以成为庭院风景的一个亮点。

铁筷子

铁筷子在开放的时候会微微低着头，有着含蓄的美丽。由于花期很长，在寒冬期间，足以成为萧条庭院的"救世主"。此外，铁筷子有着强大的生命力，只要我们稍微花点心思，它们就能竞相开放，香飘满园。

鼠刺

鼠刺为灌木，高约 1 m。长着像刷子一样长长的花穗。修剪简单。到了秋季能够完美地衬托红叶的美丽。

紫萼

紫萼又名紫玉簪，其叶子的大小、形状及纹路多种多样，富于变化。喜欢半阴环境，接受过多光照的话可能会导致叶片褪色或枯萎。

玉竹

根茎横走，花腋生，通常 1~2 朵簇生。花朵向地面微微低垂，呈白色，同椭圆形的叶子相得益彰，和谐美观。

繁花似锦，四季飘香的花园

在花盆里和地面上种上同一种花草，待到花开一片时，我们便能看到花团锦簇的美景，仿佛是花盆里的花倾洒而下，流到了地面一般。

☖ 绿色小屋花园

🌿 打造高低差

　　如果我们把花草全部种在地面花坛里的话，长出的鲜花会高度相当，那样会显得缺乏层次感。如此一来，便直接导致了花园立体感的丢失，这对于以鲜花为中心的花园来说可谓是巨大的缺憾。想要打造一个美丽的花园，就必须用心打造一个焦点。哪怕我们只是在花坛边摆上一个较高的花盆，也会给花园的整体美观度带来巨大的改变。因为，地面的花会同花盆里的花相配合，从而还原出花园的立体感。再者，相较于其他位置，花园的中间部位最容易凸显单调。所以我们在进行花园设计时，最好为其设计一个焦点或亮点，例如放一盆美丽的鲜花作为装饰，或者利用好看的家具、有趣的物件等来进行点缀。

　　在小道上设计一个花园小岛，放上一些具备层次感的物件作为装饰。

紫菀

木茼蒿·龙面花

风铃草

麦瓶草

三色堇

合理搭配一年生植物和多年生植物。
注意打造层次感。

栅栏的直线边框同地面花坛的曲线边缘相配合，营造出了和谐、静谧的氛围。

⌂ 绿色小屋花园

🖌 在围墙或篱笆的下方打造一个花坛

　　当我们在打造花园的时候，如果只装扮围墙或篱笆，或者只考虑花坛的设计，将会使景致缺乏层次感，从而造成美中不足的遗憾。但是，如果我们能够将两者合二为一，进行整体设计和打造，将会给花园环境带来巨大的改变。一方面，花坛能够加固围墙或篱笆的根基。另一方面，围墙或篱笆又能够成为花坛的背景，充实并装扮其上方空间。原本围墙或篱笆的根部位置常常被视作绿化死角，但是，有了花坛的点缀之后，便会成为花园风景的一处亮点。

　　用小道上的石块给花坛打造一个边框，让花坛和小道完美融合。

⌂ 五味家

英国紫菀

三色堇

麦仙翁

石碱花

让阳台成为家里的休憩场所

坐在阳台上，我们能够惬意地感受轻拂的微风，悠闲地享受美好的时光。而如果有了绿植和鲜花的装扮，拂过花草袭来的微风将更加沁人心脾，阳台的舒适度就能更上一层楼。无论是想要一家人欢聚一堂吃顿热闹的晚餐，还是想一个人躲起来放松身心拥抱怡然，舒适的阳台都能够满足愿望。所以当我们在做阳台绿化的时候，就必须首先考虑好自身的需求，然后再去选择合适的植物品种。此外，如果家里的阳台还兼具晾衣等生活用途的话，就不要让休闲区霸占整个阳台哦。

把阳台打造成房间的一部分

如果我们将房间同阳台的高度相统一的话，就能够毫无障碍地从房间直接步入阳台，实现房间和阳台的一体化。如此一来，当窗户敞开的时候，即使我们待在室内，也仿佛置身于屋外的花草世界一般，舒畅而惬意。触手可及的阳台花草就好像在微笑着冲我们招手一般，吸引我们去呵护它们，同它们嬉戏玩耍。或许在不知不觉间，就能够舒缓我们的心情，并调动起劳作的积极性。当我们的生活更加贴近绿色，当房间一角的植物融入我们的日常，我们便能够直接感觉到季节的变迁，从而更好地感受自然。

TASTE

3

绿意盎然的
阳台花园

花园越是狭小，阳台的存在就变得越发重要。我们要打造阳台的立体感来容纳更多的绿植，从而体现其存在的意义。

🏠 饭田家

围墙内侧的杂树生长苗壮，同爬满凉亭的攀援植物相配合，打造出了一个森林世界。

🏠 Q家

美食与好天气更搭配。每一个岁月静好的日子，我们都值得拥有。

✿ 杂草不生的舒适空间

无论是搭建木质地板还是贴瓷砖，都能够让阳台远离杂草的干扰，我们也可以从除草的麻烦中解脱出来。阳台的绿化任务，就交给集装箱、花盆和吊篮吧。集装箱和吊篮的打理工作非常简单，我们只需要选择应季应景的花时常更换便好了。或许随着景致的改变，我们的食欲及心情也会发生奇妙的变化。

✿ 花棚

在天气舒爽的季节里，统一栽种白色系或者蓝色系的鲜花。在地板下方栽种一些观叶植物以遮盖露台同地面之间的缝隙。

打开客厅窗户的话，客厅就能同露台连成一片。

▲ 连接家和花园

我们既可以走出客厅来到花园中近距离欣赏园内的景致，也可以坐在家里远远眺望花园里的花花草草。不同的观赏角度和距离，或许能够给我们带来不同的园艺灵感。久而久之，我们便能惊喜地发现，花园的景致会变得同家里的环境及情调更加契合。"花园是主人形象的象征。"花园的景致会随着主人形象气质的变化而变化。

✿ 金井家

花木皆宜的
草坪式花园

还记得年少时在草原上自由翻滚，快乐嬉戏的画面吗？多少人渴望着在家中花园里还原这般回忆中的场景？无须担心花园的面积不够大，花木皆宜的草坪式花园，你值得拥有。

⌂ 金井家

被草木环绕的感觉令人无比安心。躺在躺椅上在脑海里给花园绘制一幅未来蓝图吧。

⌂ T家

用砖块给花坛砌出一个边框。不同的造型可以给花园带来不一样的生气。

⌂ 野中花园

草坪边有一栋低矮的建筑物，从其入口处出发修一条小道，在连接草坪的同时，也能够赋予草坪些许有趣的变化。

✎ 无论面积大小，都有实现的可能

草坪呈鲜亮的绿色。一方面，它能够像施魔法一般给狭小的花园带来宽敞明亮的视觉效果。另一方面也能够使其上部空间看起来更开阔。草坪同任何一种植物都是投缘的，所以它既适用于英式花园，又同纯日式花园的格调相契合。如果你担心"打理花园真是费时费力"的话，不如选择铺一片草坪看看，或许能够有意外的收获哟。

　　用植物把草坪包裹起来，打造一个秘密的草坪房间。如果空间狭小的话，反而更具神秘色彩。此外，依靠草坪的反射作用，围墙内侧的植物也能够获得阳光。翠色欲滴的重重绿意带给我们清新自然的视觉感受，草丛中鲜艳明媚的各色花朵在绿叶的衬托下愈发光彩夺目。在这般梦幻的环境中，我们甚至会生出些许情趣，去捉那些逃窜到树根里的虫子，仿佛瞬间就可以回到天真无邪的孩童时代。

　　⛩ 岛村家

　　树木的苍翠同草坪的淡淡绿意相呼应，加上各色花朵的装扮，让花园富于色彩变幻，呈现出一派生机盎然的景象。

　　虽然紧邻隔壁，但是唯有此处能带给我们内心的安宁。待在这里的时候，时间仿佛静止了一般，一切宁静而美好。

　　⛩ 岛村家

🌱 住宅区的世外桃源

　　住宅密集区往往给人压抑之感，而草坪和绿植交织而成的清新令人耳目一新。置身于此就能够立刻将尘世的喧嚣抛诸脑后。此外，由于草坪具有包容性，能够完美地搭配任何一种植物，所以，每当我们在草坪的四周种上另一种植物，就能够进入一个焕然一新的世界。欣赏一个灵活多变的花园，其乐无穷，其趣斐然。

用铜叶（似铜一般呈紫红色的叶子）植物装扮绿色空间。

根据围墙风格和所选植物的不同，庭院的和风韵味也会受到或多或少的影响。例如，如果我们选择竹篱笆和松树这类植物，就能够营造出较为浓厚的和风。如果父辈留给我们的是纯日式庭院，无须把所有的和风因素一一淘汰，只需调整一下较为醒目的部分，就能够改变庭院的氛围了。

和风尚存的日式庭院

仅凭一个和风物件或一株和风植物，就能够营造出日式风情。即使你不喜欢纯日式庭院，但只需在细节上费点心思，就能够打造一个令人心旷神怡的理想庭院。

日式与西式的折中方案。实际上我们无须强行区分日式与西式。

红叶的加入增添了院内的日式风情。

⚒ 正确搭配石头和植物

灯笼象征着东方，水栓代表着法国南部。当把这两个看起来格格不入的物件放到同一空间里的时候，却意外地没有任何违和感。之所以如此，是因为植物和石头在这两者之间发挥了协调作用。单看植物和石头，也并非什么稀奇物件，而只是各地都能够找到的普通品种罢了。它们的巧妙之处在于其协调整体景致的能力。由此，我们无须在日式和西式之间苦心抉择，就能够实现"日式与西式的折中"。

🍃 融入杂树林的和风情趣

种满杂木的庭院洋溢着满满的和风韵味，并总让我们回忆起小时候村落附近的小山。哪怕是不喜欢纯和风庭院的人，也能够从这样的庭院中感受到浓浓的乡愁。灯笼作为和风的象征，被高高地挂在树枝上，融入庭院的整体景致之中。我们用这样的形式，表达着对父辈们的思念，传承着亲情的温暖。

第 2 章

1坪也不能放弃，
小空间绿化创意

即使只是小小的一寸空间，也能够带给我们无限的园艺乐趣。

风社的楠耕慈先生作为专业的园艺设计师，亲手打造了以下诸多经典案例。让我们一起来看看他的成果吧！相信通过这些案例，你一定也能够发现小花园的无限可能。

给造园新手的 5 个建议

你是否也曾想亲手打造一个花园，却不知如何下手？那么，一起来听听风社创始人——园艺家楠耕慈先生的建议吧。

1 / 用回忆里的植物打造自己的梦中花园

在具体考虑花园的风格之前，我们首先应该回忆一下在自己或家人心中具有特殊意义的植物。"少年时期在棒球场上挥洒汗水的日子仿佛还在昨天，球场上那芬芳的青草气息真是令人难以忘怀啊。""曾经看过的某部电影里的那抹风景真是令人着迷啊。"像这样，许多植物带着不一样的故事，以不同的方式留在了我们的脑海里。无论它是什么，先记下来列为备选植物吧。如果打算把花园交给园艺师来设计，那么除了展示关键词，还要记得"唠叨地"描述一下自己回忆中的场景哟。接着，便可静待"梦中花园"登场啦。

2 / 园艺栽培的最佳时期

由于植物在秋分（9 月 20 日前后）到春分（3 月 20 日前后）之间活动相对稳定，所以这半年是进行园艺工作的最佳时间。对于部分植物而言，每一次移植都意味着要经历一场危险重重的大型手术。因为烈日或台风会给它们急需恢复的躯体带来致命的伤害。当然，这也并不是说除此之外的时期就肯定不能进行园艺栽培，但是最好避开烈日暴晒的盛夏和新芽初生的 4 月。

3 / 植物的选择方法

我们需要根据花园的自身条件来挑选合适的植物。植物本身也有喜好。例如，不同的植物对于光照条件有不同的需求。而在耐干燥方面，既有极为耐旱的植物，也有喜欢潮湿环境的植物。如果忽视植物本身的属性，就无法成功地培育它们。如果有想要尝试栽种的植物，请首先在植物图鉴一类的书籍上查询其所适宜的生长环境，或者咨询相关的专业人士。值得注意的是，我们不仅需要考虑花园的环境，还需要考虑居住地域的整体特性。

4 / 优质花园的条件

同建筑物具有一体感的花园才能称得上是优质花园。或许我们有好几种心仪的花园风格，但是切忌一意孤行而忽略了配合建筑物的风格。在房屋修建之初，就应该提前将理想花园的设计纳入考虑。房屋开发商在动工之前，或者我们在买入商品房之前，都应该早做打算，规划好花园的面积和风格。例如，暂时不要进行房屋外观打造，减少混凝土覆盖空间等都是可行的方法。

5 / 要考虑日后可承受的工作量

在未来的每一个日子里，花园都会与我们朝夕相伴。所以，不能让它给未来的自己和家人添太多不必要的麻烦。在进行花园打造之前，我们总是容易冲动行事，这个也想要那个也不想放弃，但日后工作一旦繁忙起来却又根本无暇打理，很可能会使其沦为荒废空间。所以，在一开始我们就应该限定一块特定的区域用于栽种，结合自己本身的生活方式，区别出自己力所能及的部分和应该交给专业人士打理的部分，在此基础上再来进行花园设计和打造，就能省去很多后续的麻烦。●

番外篇 / 关于预算

当我们决定把花园交给园林设计师来设计的时候，会比较关心价格问题。然而并不是所有的设计师都能够在一开始的时候就明确地给出具体报价。当然，我们也不能一口咬定孰好孰坏。不过我们也不妨来猜测一下他们会如何拿捏好分寸，同我们商讨价格问题。但是，预算过于死板，1 元钱的超支都无法接受的话，对方或许也会难以接受。因此我们最好事先考虑一个可以接受的预算范围。在我们这边，价格的设定如下。

A 空间　平均每坪花费 20 万日元

高树（花园主树）1 株，中树 2 株，常绿中低树 3 株，低树 5 株，花草 30 株
* 坪，源于日本传统计量系统尺贯法的计量单位。1 坪约为 3.3057 m²。
** 日元：1 日元≈ 0.0599 人民币。

B 空间　平均每坪花费 15 万日元

中树（花园主树）1 株，常绿中低树 3 株，低树 5 株，花草 30 株

在花园中想要完成的 6 个心愿

打造理想花园，就是打造未来的理想生活。楠耕慈说："据我以往的经验，人们想要在花园里做的事情大致可以归纳为 6 种类型。"花园是一个能够让大人回归童心的神奇场所，而你是否也有想要在花园中完成的心愿呢？如果有的话，就请试着开始你的园艺创造吧。

Point 1 像原野般有花可摘

想要在花园里种些花花草草，从中挑选一些长得好的用来装扮家里或者送给邻居亲朋。也可以以这些花草为背景绘画或摄影，陶冶性情。

Point 2 在树林中捉迷藏

对于小孩儿而言，树林能给他们提供嬉戏和捉迷藏的场所。而对于大人来说，在树林里散散步，在斑驳的光影下发发呆，在树阴下乘乘凉便是向往的生活。此外，一家人也期待着坐在家里，眺望院中美丽的树林风景。

Point 3 在草坪上嬉戏

顽皮的小孩儿们想要赤着脚在草坪上奔跑追逐，想要同小伙伴玩捉迷藏和各种球类游戏，甚至会幻想自己到了辽阔美丽的草原，迫不及待地想要躺到草坪上翻滚嬉戏。当然，如果是大人的话，或许还想要在草坪上练习高尔夫。只需 3 坪，就足够打造一片广场用于嬉戏和放松了。

Point 4 在花园里野餐

想要在露台或阳台上用餐喝下午茶，想要邀请一帮朋友过来烧烤聚会。到了夜晚，装上彩灯，尽享氤氲和梦幻的氛围。

Point 5 有一个能养小鱼的池塘

想要打造一个小小的池塘或一条小小的溪流。想要放一个鱼缸来饲养一些小鱼。在院子里准备一些放有饵料的台子吸引过往的鸟儿们飞来嬉戏休憩。让花园充满鸟语花香，富于各色生机。

Point 6 有一个吃货的菜园

对于吃货来说，无疑是想要在花园中打造一方菜园，种植一些香料植物。1 坪空间就足以实现这个愿望。

将杂木小道打造成一条特色通道

🏠 东京　杉井区　熊泽家

使用同类型的树木能更好地打造出道路的幽深感

我们通常会选择在通道处种植槭树或枫树。这是因为，同类型的树木能更好地打造出道路的幽深感。通过巧妙地安排树木的位置和长势，我们甚至能够眺望到前方树枝的延伸方向。在蜿蜒小路的配合下，通道的前方若隐若现，极具神秘色彩。

Before 施工前

After 施工后

将旗杆地的杆部打造成一条绿色隧道

住宅密集区常常会出现旗杆地。我们往往认为这种形状的土地先天条件恶劣，难以利用。但是，如果我们能因地制宜进行设计，普通的通道就能够成为一条极具特色的绿色隧道。建筑家熊泽安子女士家的外面，就有这样一条长达 20 m 的通道。它用大谷石石板铺设，两旁树木的枝叶遮挡住来客的视线，这样就很难一眼望到尽头处熊泽女士的工作室和住宅。这种神秘感令来客们倍感兴奋，仿佛这条通道绵长而幽静，远远不止 20 m 似的。熊泽女士说："我从这绿意中感受到了满满的治愈感，这条通道把我的家同外面的风景完美地连接了起来。"

• 旗杆地
　形似插上旗帜后的旗杆一样的土地。同道路相连接的部分较小，同玄关有一定的距离。

用心设计每一棵树，每一株草和每一块石头

同青翠的树木来一次次邂逅

还看不见玄关……

Before

After

白色和粉色点缀着葱郁的绿意

1 花园中所种植的大多数树木都是由熊泽女士及楠耕慈先生亲自奔赴原产地采购的。
2 小路原本是曲向右边的，经过改建后，通往了房屋内部。
3 通道改造前后对比图。植物生长繁茂，将建筑物包裹隐藏了起来。
4 在道路两旁种植了楚楚动人的野花。
5 惹人怜爱的小花朵展示出了低调的艳丽。

6 石砖旁边长着各种形状的小草。
7 在逼近邻居家围墙处的地方，不再使用大谷石来铺设路面，而是种上一些花草，使景观的生命得以延续。
8 围墙的墙角处往往有一些剩余空间。可以在这里种植一些诸如富贵草一般的亮色植物。在深色围墙的衬托下，植物的碧绿青翠也会愈发醒目。

阳台
玄关
停车场
房屋

装扮围墙墙根

✎ DATA

施工：2012 年 9 月
花园面积：约 20 m²
施工费用：A 空间 ×6　* 石材费另计
（以 P.26 中的费用标准为基准。下同）
·主要树木
大枫树、枫树、山枫
·主要花草
耳挖草、风知草、连钱草等

适度的遮挡能够给全家人提供一个放松身心的场所

我们还可以在餐厅和客厅的前方打造一个杂木花园。朝南的院子总是能够受到阳光的眷顾，光线穿透层层树叶，投到地上留下美丽斑驳的光影。家人们围坐在一起，享受这一切。此刻，树木将我们同外界较好地分隔开来，我们无须介意外面路过了谁，又发生了什么，只需要享受这份静谧和自在就好了。而对于正在上幼儿园的活力充沛的小孩子来说，这些花草树木就像他的好朋友一般，是必不可少的存在。他每天都期盼着能够同它们一起愉快地嬉戏。

1 从室内能够看到中庭的绿植长势极佳，枝叶甚至伸展到了窗户四周。
2 地面斑驳的光影极其美丽，完美地保留了树叶原本的形状。树枝慵懒地伸展，让花园蒙上了一层温柔的面纱。
3 树林边，光影下，小树愉快地玩着吹泡泡游戏。一个个泡泡跳动着向上飞舞，在阳光的照耀下变得五彩缤纷。

4 各种小草在槭树旁旺盛地生长，已然把这一方土地装扮成了森林模样。
5 房屋同围墙间的过道处也长满了小草。无论是否得到了阳光的关照，都始终充满着勃勃生机。

将玄关前的小空间打造成迎宾前院

🏠 东京　世田谷区　I家

选择标志性树木的时候，应考虑家人的喜好

因为家里有一位活泼好动的小男孩，所以 I 家选择了能用来制作棒球球棒的梣树作为府邸的标志性树木。我们选择的树种能给花园带来多少绿意或许并不是那么的重要，重要的是我们在做选择的时候，考虑了家人的喜好和感受。

在做花园的绿化设计时，不应只考虑面积，还应该考虑容积

此房屋在施工前，面向道路的入口处只有一个水泥铺设的玄关和一个车库。这样的设计和城市里随处可见的商品房几乎无差。但是，经过观察后发现，此处可用于绿化的面积虽然很小，但却有较大的立体打造空间。因此，我们在这里栽种了一棵高约 4 m 的梣树。梣树的树干笔直挺拔，从 2 楼的窗户眺望，也能够看到它的存在。梣树的两旁种植着六月浆果和一些草本植物，这同时也装扮了花园厨房的侧面。此外，我们还在旁边路面种植了一些带花纹的低矮灌木及彩叶植物，让花园充满了时尚气息。如此一来，房屋的整体视觉效果也得到了提升。

After 施工后

Before 施工前

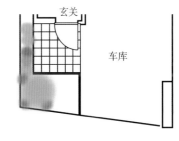

玄关

车库

🖊 DATA

施工：2014 年 10 月
花园面积：约 4 m²
施工费用：A 空间 ×1　＊石材费另计
· 主要树木
梣树、南方越橘、六月浆果等
· 主要花草
花森藜芦、矾根等

① 白草莓（酸橙叶）
② 日升六道木
③ 金叶大花六道木

在小空间里精心培育植物

🏠 东京 世田谷区 O家

抑制杂草的生长并确保将来有足够的栽种空间

在绿化的时候不宜操之过急，可以有计划地为将来的绿化改造预留一定的空间。在对O家进行园艺改造的时候，我们并没有一口气用光所有的栽种空间，而是预留了部分土地并用沙石覆盖起来。这一方面抑制了杂草的生长，另一方面也为将来自由选择植物进行绿化改造留下了空间。

同时享受向阳植物和背阴植物

为了在有限的空间里也能够享受绿植带来的乐趣和清新，小O在进行房屋设计的时候就有计划地预留出了3处面积在1坪左右的绿化空间。它们位于房屋的拐角处，朝向分别是南、西南及东北。基于此，向阳植物和背阴植物的生长环境都得到了保证。虽然像这样的绿化空间分散且面积狭小，不具备统一打造的条件，但是不同的空间可以种植不同类型的植物，这也恰巧成为这类花园的特色和优势。此外，对于忙碌的双职工家庭而言，选择易于打理的植物也是非常重要的。曾经认为自己和植物无缘的小O，如今却能够自信地说："园艺已然成为我的爱好。"

Before 施工前

After 施工后

小小空间也能打造 3 处景致

1. 主树 & 小草，营造密林感

野茉莉搭配色彩明亮的银姬小蜡呈现出了恰到好处的密林感。

2. 以白色墙壁为背景的中低树绿化带

小婆罗树和枫树，比家里的标志性树木稍微低矮一些。将它们同溲疏及牡荆种在一起，在白色墙壁的衬托下，块状的绿意将愈发鲜艳夺目。

3. 打造高低差，赋予景致以韵律

在窗户下方的细长空间里种上一排木贼。待木贼的叶子长长之后，我们还可以亲自间苗或修剪。

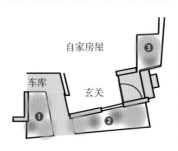

自家房屋
车库　玄关
① ② ③

🖉 DATA

施工：2014 年 10 月
花园面积：约 10 m²
施工费用：B 空间 × 3
·主要树木
野茉莉、小婆罗树、枫树等
·主要花草
富贵草、丝芒等

拆掉露台，打造一条绿色通道

🏠 埼玉县　埼玉市　O家

楠耕慈的
一则建议

在狭窄空间里应选择树龄较长且形状稳定的树木种植

　　O家花园的主树是高约5 m的榉树。我们认为，在狭窄空间里种植的乔木最好选择树龄较长的老树。O家花园里的这株榉树已有40年树龄，在被砍过一次之后，由蘖枝（从残根的周围重新长出来的树枝）分蘖而成。

在树下栽植一些小草，再铺设一条小道，实现花园幽深之感

　　在改造这个花园的时候，我们将原有的木质地板和栅栏撤掉，重新打造了一条充满林间野趣的通道。围墙的内侧往往因为潮湿阴暗而难以利用，但是如果换个思路就能有意外的创意和收获。由于这里的条件同山里的环境非常接近，所以我们把这里打造成林间风景是再合适不过了。在入口处栽种一些富有存在感的彩叶植物和斑叶植物，鲜艳的色彩能够凸显通道深处的存在，也能够让由大谷石铺设的小道产生有趣的节奏感。此外，由于大谷石能够反射光线，也能够带来明亮的视觉印象。改造后的通道保持了原有木质栅栏所起到的遮挡效果，依旧能够带给我们自在安心之感。

Before 施工前

After 施工后

通道栽植术

在阳光下
更加闪耀

光彩夺目的
另一番天地

树影摇曳

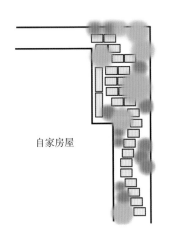

自家房屋

✎ DATA

施工：2014 年 10 月
花园面积：约 24 m²
施工费用：A 空间 ×7
＊石材费、木质地板拆除费另计
·主要树木
榉树、枹栎、垂丝卫矛等
·主要花草
通泉草、连钱草、桔梗等

让有限的空间显得更宽敞的诀窍

1　在通道的前方栽种带花纹的禾叶土麦冬、石菖蒲等植物，
　　让通道的前方充满存在感。
2　紫色的通泉草也是通道前方的"存在感组合"的成员之一。
3　如果想要享受美丽斑驳的树影，就要让树木的枝叶形状富
　　于变化。
4　在通道的深处种植白色通泉草，让其同前方的紫色通泉草
　　形成对比。
5　斑驳的树影投射到通道深处的明亮区域上，会使得通道显
　　得愈发明亮美丽，宛如我们的理想之乡。
6　树木高大的影子同样会投射到房屋的墙壁上，摇曳的树影
　　会施展一种视觉魔术，让人感觉花园空间仿佛变得更加宽
　　广了。
7　带花纹的连钱草长着漂亮的紫色花朵，花朵和花纹相互衬
　　托，炫彩而美丽。
8　木藜芦的花朵就像一串串小小的白色风铃，非常美丽。

用石椅和绿植来装点玄关前的通道

🏠 东京　世田谷区　S家

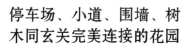
楠耕蕙的
一则建议

尝试塑造景观的统一协调性

如果能够在狭小的空间里打造出一处景致，将会令人赏心悦目。我们在小道及围墙同房屋的缝隙中铺设了大谷石，并且在入口处摆放了一张石椅。如此一来，花园的风景便拥有了统一协调性。今后，当我们在进行园艺工作的休憩间隙，也可以悠闲地坐在这里眺望整个花园。

停车场、小道、围墙、树木同玄关完美连接的花园

经过改造，S家的花园变成了一个从停车场到玄关，一路都有草木装饰的花园。位于住宅区的房屋通常都会预留出一块2坪左右的空地，铺上水泥用于停车，但是我们特意在S家的水泥地的中央位置空出了一条宽约40 cm的缝隙，铺上了大谷石和砂石。这就实现了玄关前方植物同停车场风格、氛围的一体化，并从视觉效果上拓宽了实际的空间面积。在涂了柿漆的木质围墙的衬托下，植物的绿意显得更加鲜亮。极具现代都市感的玄关也同花草树木完美融合在一起。

Before 施工前

After 施工后

给无机空间以无限风流

阻挡脚步
的石头

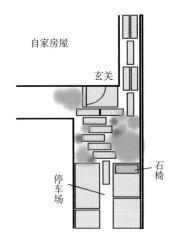

自家房屋

玄关

停车场

石椅

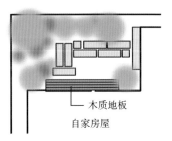

木质地板

自家房屋

也能同大谷
石相匹配

直物留下完
美的影子

伞序石斑木 + 木藜芦

邻居家的围墙恰好可以作为自家
花园里各种树木的背景来使用。树枝
温柔的影子投影到白色的墙面上，不
断地变换着形状，趣味十足。

大谷石 + 轻石

主人 S 非常喜欢石头，所以考虑到其本人的
意向，我们在植物的旁边搭配了一些石头，添加
了假山庭院的风韵。而大谷石和轻石的使用，进
一步营造出了自然和谐的意境。

✎ DATA

施工：2014 年 10 月
花园面积：约 17 m²
施工费用：玄关前 A 空间 ×1、B 空间 ×1
·石材费、车库施工费另计
花园 A 空间 ×2、B 空间 ×1 ＊石材费另计
·主要树木
大柄冬青树、榉树、羽扇槭等
·主要花草
细粒异沙珊瑚、禾叶土麦冬、白及等

After

Before

南面的花园也同玄关前的风景
格调相一致

我们将玄关前风景的风格延续到
面朝起居室的花园中。花园角落处的
假山起起伏伏，在苔藓植物的搭配
下，别有一番假山花园的风味。

申请城市绿化补助金来打造
一个绿色停车场地

千叶县　市川市　A家

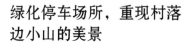

Before 施工前

After 施工后

楠耕蓙的一个建议

应在动工前申请补助金

日本某些积极推进绿化事业的地区，会制定相应的绿化补助金制度。但值得注意的是，必须在动工前申请该补助，一旦开工就失去了申请资格。因此，建议大家尽早收集相关信息，在考虑补助条件的基础上制订园艺计划。

绿化停车场所，重现村落边小山的美景

小A家的花园面朝大路开放，其中一半空间种满了树木，而另一半则像原野一般被草坪覆盖。这样的景致，像极了村落附近的小山。像原野的那一部分实际上是小A家的停车场。但是，由于是客用停车场，平时在没有来客的时候，基本处于空置状态，反倒成为花园的一部分。在制订园艺计划的时候，小A家得知他们所在的市川市正在推行停车场绿化补助金制度，便主动提出了申请。但是，该制度指定了可利用植物的品种和类型。所以经过深思熟虑之后，小A家最终选择了草坪及过江藤。

确认及有效利用相关政策

🔍 特写

高效利用家里的最优质土地

此类型的补助只针对私家住宅的最优质土地。因此，花园主人在征求了市政单位的意见之后，决定使用草坪和姬岩垂草。后来，可资助的植物品种大幅增加，所以为了确保自家所选的植物属于被资助的对象，在栽种前必须仔细地咨询相关单位。

🔍 特写

兼具改良土壤的作用

由于距离海洋较近，为了将含沙量较多的土壤改良成兼具排水性和保水性的优质土壤，我们特意将树木种植在了假山之上。在预防滑坡方面，我们舍弃了传统的板桩，而选用了具有自然气息的天然石块。由于抬高了植物的生长位置，花园的通风效果也得到了提升。

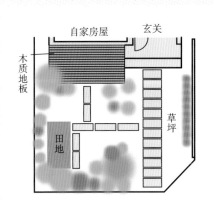

图示：
自家房屋　玄关
木质地板
田地
草坪

📝 DATA

施工：2015 年 3 月
花园面积：约 10 m²
施工费用：通道　石材、草坪施工（其中一部分得到了政府补助）
花园 A 空间 ×3　＊石材费、草坪铺设费另计
· 主要树木
大柄冬青树、榉树、枹栎等
· 主要花草
吉祥草、薮北种等

在花园里打造一片自然杂木林

我们在花园中打造了一座假山。起起伏伏的地面上，有树有小草，有花有石头，一派自然和谐的光景。

将房子外面的草坪空间
打造成杂木花园

🏠 茨城县 筑波市 O家

Before 施工前

After 施工后

打造一个孩子们能够自在地追逐嬉戏的花园

小O家的房子位于新兴住宅区，房屋前的花园面积较小且缺乏设计感，只栽种了几棵普通的树。我们把它们换成了落叶树，增添了花园的季节感。草坪没做太大改动，仅仅在上面开拓出一条小道。考虑到当地风力较强劲，且夏天日晒较强烈，所以种上了枹栎、榉树这类高大树木，用来守护家与花园。另外，为了打造一个兼具避暑功能的治愈空间，还搭配种植了枫树、油钓樟、垂丝卫矛等树形较为纤细柔和的树种。树木周边的花草主要选择生命力旺盛的宿根植物。如此一来，花园焕然一新。这对孩子们而言是一个很棒的礼物。据说他们觉得"像生活在森林里"。

楠耕蕊的一则建议

合理的绿化方案能够
从视觉上拓宽花园

这个花园完成施工后，从视觉上看面积好像比改造前拓宽了很多倍。之所以能有这样的视觉感受，一方面得益于面向停车场和道路的纤长而笔直的路面线条，另一方面则是因为房屋周边的树木生长繁茂，形成了视觉上的纵深感。如此一来，哪怕是商品房附带的小花园，也可以改造和利用起来了。

商品房附带的小花园，也能够随心所欲地改造和利用

草坪好像重获新生了！

小 O 家的女主人说："刚刚入手这套商品房的时候，草坪上原本已经发芽的小草，不知道为什么总是显得没有生气。但是在改造了花园之后，小草们仿佛都获得了新生，用绿意装点了整个花园。"其实这是因为在种植了花草树木之后，花园里架起了一个绿色的隧道。凉爽的微风穿过隧道，拂过草坪，滋养了一株株小草。

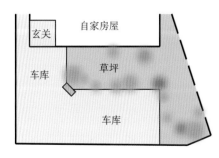

✐ DATA

施工：2015 年 3 月
花园面积：约 10 m²
施工费用：A 空间 ×1、B 空间 ×2
* 草坪、车库为房屋自带
·主要树木
枹栎、桴树、枫树等
·主要花草
耳挖草、水甘草、夏雪草等

1 用大量施过肥的土堆筑起一座座低矮的假山，再在上面种植树木。
2 树木周边的草，多选用耳挖草、风知草、连钱草及水甘草等。
3 从二楼的窗户探出手来，仿佛能够碰到树木的枝丫。在家里都能够感受到自己被绿意全方位包裹。
4 经过岁月的积淀，树木会愈发苗壮茂盛。一想到这一点，就会倍感激动。

给道路制造高低层次感，
再现武藏野的风格

🏠 东京　町田市　O家

Before 施工前

After 施工后

楠耕慈的
一则建议

早做打算就能有更多的选择

委托人的各种园艺想法之所以能够最大限度地实现，是因为他在设计房屋的同时就开始考虑花园的设计方案了。我们认为，越是有非凡创意的人，越应该早做园艺打算。只有这样，才能够在选择植物类型，以及选择造园师方面有更多的空间和自由。

武藏野风格的杂木林

小O家背靠树林，前方隔着一条道路同清澈的河流相依相伴。在自然优势和人工设计的双重协助下，他们家的花园呈现出了两种不同的景致。从家中向外眺望的时候，能够尽享树林带来的绿意。而在屋外的道路上散步的时候，又能够一边沐浴透过层层树枝洒落而下的阳光，一边采摘路边美丽的野花来装饰室内。当然，这一切还要归功于小O这个植物爱好者的良好品位，此外，花园中的花花草草之所以能够在完工后的短短3个月内，呈现出如此旺盛的生命力，也离不开小O的悉心照料。

树木的选择方法、栽种技巧

树林：枹栎、麻栎、羽扇槭、人柄冬青树、腺齿越橘、猴楸树等

中低树：鸡麻、白鹃梅、马醉木、冬青树、白棠子树、胡枝子等

树下花草：夏雪草、佩兰、丝芒、通泉草、紫萼、圆羊齿等

公共道路同绿化带之间的小路的作用

公共道路的旁边有一条绿化带，建筑物的附近也有一片绿林，二者交叉重合，打造了树木林立之感。这个花园在二者间铺设了一条小路，并在小路两旁又栽种了一些新的植物，如此一来，花园的绿意更加盎然，视觉上的纵深感也得到了强化。

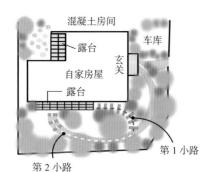

混凝土房间
露台
车库
玄关
自家房屋
露台
第 1 小路
第 2 小路

✍ DATA

施工：2015 年 2 月
花园面积：约 30 m²
施工费用：A 空间 ×9
* 石材费、沙石费另计
· 主要树木
小羽扇槭、枹栎、沙罗树等
· 主要花卉
白花六月菊、草本威灵仙等

1 通往露台的通道。我们称其为第 1 小路。

2 从西面看过来的第 2 小路的样貌。

3 从东面看过来的第 2 小路的样貌。虽然是同一条小路，眺望的角度变了，映入眼帘的景色也大相径庭。

4 站在外部道路上眺望到的房屋全貌。如果树木再长高一些就能起到遮挡作用。

在宽敞的和风庭院中
打造一处杂木风空间

🏠 埼玉县　所泽市　〇家

轻松打造图画般的存在感

这个花园最大的亮点是这把由大谷石打造的长椅。它完美地装饰了白色沙石路及这个绿意盎然的庭院世界。我们可以坐在这里休息，也可以坐在这里同邻居闲话家常。这把长椅的存在可谓是一举三得，我们强烈地向你推荐。

唤起土地的记忆

小〇家的庭院原本是从父母那里继承而来的和风气息浓厚的老式庭院。小〇一直想要把其中的一角打造成他特别喜欢的杂木林。因为此处最初就是林地，所以如今的这片杂木林仿佛是唤醒了土地所承载的记忆。此外，庭院中央位置的细长形假山的设计，也方便在闲暇时和亲友一起绕着假山散步谈天，享受生活。在完工半年之后，庭院里竟然长出了一些我们当时未曾栽种过的植物。想必肯定是从某处飞来的种子，或者是鸟儿们洒下的自然恩惠吧。在适应自然的同时也发生着一些美妙的变化，这样的庭院一定能给我们的生活带来舒适和惊喜吧。

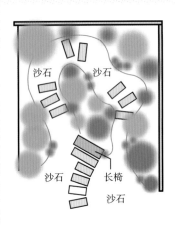

Before 施工前

沙石　沙石

沙石　长椅

沙石

✏ **DATA**

施工：2014 年 10 月
花园面积：约 24 m²
施工费用：A 空间 ×4
＊石材费、沙石费另计
・主要树木
栲树、伊吕波红叶、榛子树等
・主要花草
唐松草、圣诞玫瑰、老鹳草、紫花堇菜等 20 种

After 施工后

可以舒缓道路喧嚣的小院

埼玉县　川越市　S家

楠耕慈的
一则建议

从紧急性更高的地方
开始逐步推进

如果花园中可利用的空间较多，我们也不必急着一次性完成所有空间的设计和打造。在这种情况下，或许可以循序渐进，从紧急性更高的地方开始逐步推进。但是，如果将花园交给专业园艺设计师来设计和打造，考虑到整体景观风格的一致性，以及为了避免延期打造的空间的长时间闲置，我们建议一次性完成。

用高大树木好好遮挡

S家的花园将房屋环绕在中间。其中一面紧邻马路，难免受到噪声的侵扰，所以S家在进行花园打造的时候，选择优先处理这一面。我们在这里种下了高大的榉树和枹栎，它们一方面阻挡了部分噪声的纷扰，另一方面也起到了视觉上的遮蔽效果。为了进一步美化花园环境，我们还在花园里种植了大叶钓樟和吊钟海棠，并打造了多处假山，成功地把这个花园变成了一个可供散步和游玩的美丽乐园。在完工仅仅2个月之后，坐在正前方的起居室里就能够看到花园中绿意盎然的场景。此外，沙石铺设的花园小路同满园的绿意形成了绝佳的对比，进一步提升了花园整体的美感。

Before 施工前

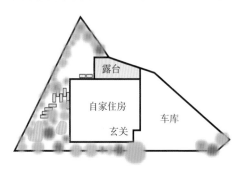

露台

自家住房

玄关

车库

✎ DATA

施工：2015年3月
花园面积：约13 m²
施工费用：A空间×4
*真沙石施工费、草坪铺设费另计
· 主要树木
枹栎、榉树、羽扇槭等
· 主要花草
东北堇菜、紫斑风铃草、夏枯草等

After 施工后

\ 初学者的福利！ /

使用野草和树木制成的地垫

或许有的时候我们很想在花园里种植一些树木和花草，却不知道应该选择什么样的品种及怎样种植。对于这样的造园新手而言，或许可以选择利用事先已经栽好的树苗，树根已经变成棕垫状的地垫。地垫植物会在生长过程中逐步适应周边环境，打造出和谐美丽的自然光景。

野花地垫

上：使用了野花地垫的花园。
左下：向阳-背阴植物品种；右下：地垫的根的状态。

欢乐树

上：在主树的旁边种植了一棵欢乐树的花园。

下：在可降解容器中搭配种植2种以上的树木。

造园新手的好伙伴

对于造园新手而言，常常会有花草树木品种选择的困扰。即使想花工夫去一株株、一棵棵地挑选，但是如果不知道植物名称，也很难去查询其特性。此外，如果花园中的土壤也是初次种植的话，植物的根也很难抓牢。

在这种情况下，地垫状的树苗、花草苗或许能够派上用场。向阳植物、背阴植物或在某些地域条件下易于成活的野草都能够制作成地垫，从而减轻园艺负担。混栽型地垫可以搭配种植各种植物，实现春、夏、秋三季都有花草可供欣赏。到了冬天，花草虽然藏起了它们的身影，却能在地下默默地充实自己的根茎，待到来年再重绽放美丽。此外，混栽型地垫还能搭配栽种多种类型的树木，确实是造园新手的好伙伴。

第 3 章

理想花园设计案例

在考虑了实际环境的基础上，我们都希望能够尽可能多地实现自己的园艺梦想。那么，让我们参照实际案例来研究一下究竟应该如何打造一个美丽的花园吧。

我们相信，在这个过程中您一定会给"自己家的园艺方案"找到灵感。

活用恶劣条件的花园

接下来将为大家介绍几个花园改造的实际案例。这几个花园原本的自然条件较为恶劣，但在经过改造之后，都摇身一变成为能够同主花园相媲美的魅力十足的花园。原本的自然条件越恶劣，改造后的喜悦越不可言喻。

⌂ 饭田家

在种植之前需要先改善土壤品质

饭田家在铺了石砖的小路两旁种植了一些譬如紫萼或蕨类植物等耐阴花草。在种植之前，他们调整并改善了土壤的排水性和保水性。

⌂ 伊藤家

用一些装饰品来提升我们穿过小道时的情趣

明亮的阳光在白色拱门和亮色植物的反射下，给整个花园都带来了光明。小道前方的木门也可以勾起我们的探索欲和兴奋感。

---

1 狭窄通道

他们想办法邀请到了更充足的阳光，把狭窄的通道改造成了一条充满乐趣和生机的绿色之路。改造之后，空气的流通性也得到了提升。

匠心营造!

　　在地板下方嵌入了亮色的石板,让原本煞风景的阴暗角落多了几分明亮和趣味。

☞ 伊藤家

活用暖色系塑造温馨空间

　　他们在围墙同建筑物之间的阴暗空间中摆放了一些暖色系的物件,例如藤架、桌子及长椅等。此外,各种装饰架的安装也提升了这个空间的纵深感。

☞ S家

寻找植物的快乐

　　虽然这是一个湖南的花园,但是紧挨着邻居和围墙的地方也不可避免地沦为了阴暗区域。在这里种上了喜阴植物之后,它们长势旺盛,俨然将这一区域变成了一片小型密林。

---

2 ── 房屋的内侧 ──

　　提及花园,任何人都很难想到这样的地方。但是,实际上这里非常适合打造成一个私密空间,并且还有足够的空间来摆放自己喜欢的各种小物件。

3 ── 背阴处 ──

　　喜阴的植物不胜枚举。S家尝试着种植了几种充满趣味的喜阴植物,便打造出了这样一个充满异国风情的背阴花园。

1

大人的秘密
基地

伊藤女士的
经验分享

　　伊藤女士家住在较为密
集的商品房住宅区。一般地，
商品房很少配备花园空间。
但伊藤女士家独具匠心地将
其房屋周边所有能够利用的
狭小空间都打造成了精致美
丽的小花园。让我们一起来
看看，在具体的园艺过程中，
伊藤女士都克服了哪些困难，
实现了哪些创意吧。

1 桌子和长椅都没有占据太多的空间。即
　使是三个大人同时坐在这里也不会显得
　拥挤。
2 围墙上的装饰性小窗户和各种创意支架，
　提升了此处空间的纵深感。
3 伊藤女士在复古木牌的周边搭配栽植了
　具有攀援能力的漂亮玫瑰。
4 伊藤女士在通道的墙壁上装了一座花台，
　并把自己喜欢的亮色小物件摆放在了上面。
5 装饰性小窗里的镜子提升了通道的纵深
　感。伊藤女士的园艺技巧可见一斑。
6 纵向生长的植物也从视觉上拓宽了通道
　空间。

2

3

5

6

4

各种有趣的
装置

避暑胜地般
的色调

7 将玫瑰种在高处以便花叶充分沐浴阳光。

8 用条纹图案来装饰自己亲手制作的花盆架，充满了童心。

9 美丽的花朵从茶壶中呼之欲出。

10 亲手制作的邮筒边也有各种花花草草的装点。伊藤女士没有忽略任何一个细节。

11 巢箱形状的花盆趣味非凡。这也是配合花园整体风格特意亲手制作的。

12 为了牵引攀援玫瑰而被绑在墙上的树枝成了煞风景般的存在。为此，伊藤女士特意在此处安装了一个美丽的壁挂式花篮。

13 在墙壁上贴上石砖，同其他物件一起装饰了这个花台。

14 通道尽头的这扇门充满了隐秘色彩，其背后的风景惹人遐想。

15 给算子喷上油漆，再在上面安装一个锈迹斑斑的旧水龙头作为装饰。

欧式街道的
氛围

仿佛能听
到鸟儿们
的啼叫

丝石竹

斗蓬草

斗蓬草

矾根

百里香

网纹草

① 高桥家

适合狭小空间 / 背阴环境的植物

接下来将介绍在狭小空间或背阴环境中也能够苗壮生长的植物品种。不过，因为环境的微妙差异，植物的生长状况也会有所不同，所以请结合实际情况挑选更适合自家花园的植物类型。

紫萼

紫萼

常春藤

蕨类植物

② 伊藤家

紫萼

红花矾根

铁线蕨

欧活血丹

矾根

③ 伊藤家

蓝羊茅

薮北种

伊藤家

4

马蹄金银澤

伊藤家

5

茶树

绣球

迷迭香

黑嚏根草

蜘蛛抱蛋

S家

6

常绿荚蒾

老鼠筋

荚果蕨

日本马醉木

S家

7

P.52

1 成片的景天巧妙地模糊了绿植同路面的界限。

2 通道两旁的植物长着形状各异的枝叶，它们在装扮花园的同时，也让静止的空间变得灵动起来。

3 在绿植中混栽上不同颜色的花草（此处选用了红花矾根），给花园风景带来更强的韵律感。

P.53

4 可以在路面花草的同侧位置摆放几个盆栽。非耐阴植物请勿长时间摆放于此。

5 在地面铺上几块混凝土石砖，并在其缝隙中栽种一些能够抵御恶劣环境、生命力顽强的植物。

6 即使是日照条件恶劣的地方也有适合栽种的植物。因地制宜便能收获一片枝繁叶茂的风景。

7 枝叶外形独特的植物汇集在一处。即使没有花朵的装扮，这一处空间也有盎然的趣味。

耐旱植物

没有土地也能建花园

即使家里没有直接同地面相接的栽种空间，也能够建一个属于自己的美丽花园。接下来，让我们看几个实际案例。看到这些花园，我们绝对想不到它们原本只是没有土壤的房屋一角而已。

🏠 宅间家
不负爱与期待的各色植物

1 这个花园里的每一棵树、每一株花草都洋溢着生命力。花园主人平日里对它们所倾注的爱与期待可见一斑。各种颜色的花朵和叶子共同装点着这个美丽的花园。

🏠 饭田家
真的是在屋顶？

2 饭田家运了大量土壤到屋顶，将屋顶铺设成了一个大院子。经过一段时间的打理之后，院子里花草丛生，树木挺拔。此外，他们还特意添置了一把大的阳伞。

1 屋顶

屋顶空间因为容易受到暴晒及强风等，需要花更多心思来维护，但能够让我们更近距离地感受天空，有着舒适的开放感。

20 年间，露
台见证了它们
的成长

2 露台

露台是室内同花园之间的过渡。
如果我们充分利用好露台的话，就能
够将其打造成媲美花园风景的存在，
甚至让其代替花园来发挥作用。

🏠 滨野家

1 滨野家的旁边是一个小山谷。山谷中长着郁郁
葱葱的树木，造就了一片壮观的森林。他们借
用这一景致为背景，将家里的露台打造成一个
花园。木质地板边的树木长势极佳，几乎同森
林融为了一体。

🏠 〇家

2 靠近露台的嵌入式栽种区里长着几棵有故事的
老树。它们原本都只是随意插入土中的枝条，
却在历经 20 年的风雨之后长成了如今这般挺拔
的模样。露台见证了它们每一天的成长。

🏠 free style furniture DEW

3 这一露台较大幅度地向外延展到了花园之中。
当我们站在露台上的时候，仿佛一伸手就能够
触碰到旁边的森林。透过窗户边的绿意，就能
体会到四季变换的乐趣。

🏠 free style furniture DEW

4 从旁边来观察图 3 的露台便是这样的景致。从
这张照片中我们可以看到，这个露台几乎可以
说是眺望森林的最佳观景台。

白色的露台能
够提升整体的
明亮程度

露台和桌椅非常搭。一方面可以成为花园里的一个亮点，另一方面也为家人们围坐在一起休憩放松提供了一个绝佳的场所。

花园避暑地

完全放松的场所

1 来到这个花园的人，都会想要坐到这块小型避暑地里小憩一番。这个露台得益于周边景色的美化，成为一处明亮而温暖的存在。

栗原造园

绿色满园

2 同建筑物使用相同素材的木质凉亭是房屋的延续空间。与其说是我们在打理花园，不如说是花园中的花草树木在守护着我们。

丫家

两处休憩场所

3 一家人可以常常围坐在露台的椅子上闲话家常。而当有客人来访的时候，花园里的桌椅就能够派上用场。大家自由地坐在露台或院子里，谈天说地，享受美好的时光。

露台和地板的多种利用方案

享受休息日的早午餐

🏠 堀越家

到了休息日，一家三口终于可以悠闲地共享一顿美妙的早午餐。堀越女士作为一名意大利料理师，总是能够满足家人的味蕾。

中高露台的下方是喜阴植物的天堂

🏠 T家

中高露台的下方位置是一处很容易被闲置甚至是荒废的地方。我们在这里种植了宿根花卉一类的喜阴植物，美化了小路一侧的环境。

在露台的一角打造一处栽植空间

🏠 花园避暑地

如果我们能够在露台上打造一处栽植空间，家里的绿化也能够更上一层楼。种上几株中低高的树木，再在周边种点小花小草，一个小型花园就诞生了。

3 公寓的花园

我们很难对公寓的公共花园保持满分的园艺热情，但是，如果能够借助自家露台和墙面的格子栅栏的话，情况可能就不一样了。

堀越家

▲ 在亲手制作的格子栅栏下添置一个可爱的迷你花坛

在安装了格子栅栏之后，为了丰富脚边的色彩，堀越家在栅栏下方用石砖砌出了一个迷你花坛。为了方便日后打理，他们还特意在花坛中做了几个隔断用于植物分区。

▼ 将绿意纳入考量的料理制作及餐桌布置

堀越女士亲手制作的地道的意大利料理及她亲自布置的餐桌，都在花园花草的衬托下显得愈发诱人和醒目。

在花盆和花坛中种植香草植物

平时在烹饪的时候，我们时常会用到一些香草植物。现在，堀越女士无须特意去菜市场采购，走到花园中随手就可以摘到新鲜安全的香料了。在阳光下享用沐浴着阳光生长起来的食物，这画面太过美好，令人心生向往。

季节性花草也不可缺少

除了香草植物之外，他们还在花坛里栽种了一些富于季节感的花草。到了秋冬，就能够观赏到更多美丽的彩叶植物。

在玩耍中装饰格子栅栏

除了可以在格子栅栏上挂上装饰性吊篮，还可以挂上彩旗和复古型的小物件等。它们在装饰花园的同时，也满足了人们嬉戏的童心。

主花园是一块可供造园者自由发挥的干净画布

主花园就像是一块干净的画布，等待着主人自由自在地创作和描绘。而在描绘这块画布的时候，我们可以选择自己喜欢的材料，按照自己的步伐一点一点地推进。

像原野一般

🏠 绿色农舍花园

给访客带来舒适感的花园亮点

1 在这片花园里玩耍的时候，总有一种小时候误入原野深处的感觉。花园里有一把长椅，它就像是在守护着主人一般，坚定地伫立在花草丛中。玩累之后瘫坐在长椅上，会觉得安心舒适。

细致的园艺计划能够最大限度地发挥出植物本身的力量

2 成片的白花中零星地冒出了几朵粉色和蓝色的花。虽然这一切都源于事前细致的园艺计划，但是我们依旧震撼和感动于花草如此自由的生命力。

1 以花花草草为中心的花园

花园里的宿根花卉静静地开放着。每年春天，还会有很多植物种子撒落在这里，发芽，绽放。这样的花园享受着大自然的恩惠与馈赠。

1

美化花坛

🏠 绿色农舍花园

通过控制花朵的姿态和颜色来打造清爽的视觉效果

1 在如茵的绿草中，依稀可以看到花坛的石头边缘。在石缝间及石块外侧都有一些漂亮的花儿静静地开放着。此处我们特意控制了颜色鲜艳的花朵的数量，从而打造出一种清爽的视觉效果。

🏠 五味家

鲜艳的花朵是夏天的

2 草坪空间的边缘位置往往能够打造成花草的乐园。除了欣赏开得正艳的花朵之外，当花瓣掉落之后，我们依然可以从花梗上孤单的花萼与花蕊中感受到大自然亲手雕琢的美。

2

🏠 绿色农舍花园

极具个性的花朵也可以融入花园的整体氛围中

3 我们在玄关前面的花坛里种上了几株郁金香。它们同冷色调的穗花婆婆纳相伴而生，完美融入花园的整体氛围之中。

3

花之园 各种巧妙的创意

在花坛间开拓出一条小路

🏠 五味家

再往前走还能邂逅怎样的花草呢?

1 蜿蜒的小路能从视觉上拓宽花园面积。两边的花草也在自己的小小空间里苗壮地生长,绽放了美丽的笑颜。

🏠 M 家

利用小路进行园艺养护

2 为了更方便地进行园艺养护,我们同样需要在花草丛中打造出一条小路。利用这条小路,我们可以多角度、全方位地观察植物的长势,从而进行必要的养护。

在栅栏或小木屋的旁边打造一个花坛

🏠 绿色农舍花园

背景颜色衬托出植物的色彩

1 在背景物的衬托下,前方的花坛显得愈发醒目。图中的花坛位于露台下方,花坛中的花草色彩艳丽,在深色露台的衬托下,显得愈发活力满满。

花坛 + 花盆打造高低差

2 在小木屋的前方有一片花坛。我们在其中摆放上同小木屋高度更接近的花盆,从而制造出了植物间的高低落差。远远望去,在流动的视觉中,更能感受到植物间协调的美。

2 以杂木为中心的花园

以杂木为中心的花园能够让我们更近距离且更生动地感受到四季。即使没有色彩缤纷的花朵，不断变化的林间景色同样能够治愈我们的内心。

1

2

林间小道

每当我们漫步在花园中的时候，都仿佛来到了一个森林世界。我们呼吸着林间清新的空气，享受着林间的绿意和凉爽。即使每天走的都是同一条小路，也能够不断地感受到新意。

🏠 饭田家

17 年的幽深森林

1 房屋的周围有一条环形小路。从 17 年前开始，饭田家陆陆续续在小路的四周种上了很多杂树。杂树苗壮生长，俨然已经呈现出了幽深森林的模样。

🏠 大塚家

能够沐浴阳光的杂木林

2 这是一个明亮的杂木花园，阳光会穿过枝叶间的缝隙，在小路上落下斑驳美丽的光影。枝干较高的树木，留给下方充足的空间及阴凉的环境，让周围的喜阴植物生长茂盛。

斑驳光影下的桌椅

如果想要在斑驳的光影中享受悠闲的时光，就可以在树丛中摆放一张桌子，再配上几把椅子或一条长椅。坐在这里，可以感受树阴的凉爽划过肌肤的美妙感觉。

树木下方的花草能够装饰和美化树干

在树木的下方长着许多花草，它们一方面保护着树木的根茎，另一方面也装饰和美化了树干。因为此处很难得到阳光的关照，所以我们可以选择在这里栽种一些耐阴植物

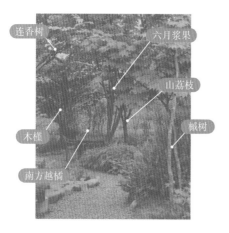

连香树　六月浆果　山荔枝　木槿　槭树　南方越橘

⌂ 丁家

在高大挺拔的树木下方

高大挺拔的树木下方留出了较为宽敞的空间。来访的客人都很乐意坐在这里品茗休憩。不知不觉间甚至会忘了时间的流逝。

日本狸兰　六月菊　山绣球　黑龙山绣球　带斑紫萼

⌂ 饭田家

带花纹的植物也能够茁壮生长

惧怕强光的带斑紫萼也能够在这里茂盛地生长。每一年饭田家都能够在自己的花园中观赏到美丽的野花野草。

3 低维护型花园

一提及花园维护，我们首先就会想到除草。但是，如果我们被除草工作缠住而丧失了享受花园风景的闲暇的话，就完全是本末倒置了。因此，在打造花园之前，我们必须先预估好自己能够承受的维护工作的强度。

打造一个不被杂草困扰的花园

如果想要打造一个不容易滋生杂草的花园，就应该尽量减少栽种空间以外的闲置土地面积。尽管如此，我们也不能操之过急，以免失去了园艺工作和花园整体景致的趣味性。

\ 铺设上石砖、沙石和石块 /

🏠 田中家

仅仅保留栽种空间内的土壤，其余部分则用石砖铺设起来

1 用石砖把泥土地面覆盖起来，再在上面摆上了诸如路灯或藤架这样趣味满满的装饰物。田中家一直都在坚持搜集自己喜欢的各种装饰物件。

🏠 高桥家

用添加景致来美化未用于栽种的土地空间

2 高桥家先在花园里的小路上铺了一层除草罩布，再在上面覆盖了一层沙石。用石砖和石块堆砌起来的庭中岛及岛上的白色长椅，都成为沙石路的添加景致。

* 添加景致
为了使整体景致更加美观而添设或摆放的物件。

花草的包裹

野中家花园的一角是一块较为开阔的草坪，他们在草坪的周围种上了温柔的花花草草。鲜花和绿叶的搭配成为花园景致的一大亮点。

⌂ 野中花园

温柔地包裹

在无须在意邻居眼光的地方，打造一个开放型的茶室。花儿清新的颜色及草坪淡淡的绿意，温柔地将茶室包裹在其间。整个画面显得和谐而温馨。

4 带草坪的花园

草坪作为闲适空间的象征，还能够提升花园的整体亮度。但是，单调的草坪会显得刻板而乏味，所以我们需要学习一些美化和装饰草坪的技巧。

低矮灌木的包裹

如果你们家的草坪没有邻居家的视线干扰的话，就可以考虑在周边种上低矮的灌木。如此一来便能够营造出静谧安心的氛围。

⌂ 冈本家

打造一处静谧安心的空间

冈本家的花园是一个能够一边沐浴阳光，一边安然打盹的花园。毫无压迫感的花草和灌木包裹着他们，为他们提供了一个安心而舒适的悠闲空间。

从带美丽草坪的花园中寻求灵感

曲线形花坛赋予景色灵动感

🏠 T家

用石砖打造出花坛的曲线边缘

　　花坛的曲线边缘总是能够温柔我们的心。花坛里的花草长势极佳，有几支术蒿蒿的花茎甚至跳出花坛来想要亲吻青青的草坪。这样的景致着实令人赏心悦目。

\ 曲线魔法 /

　　不仅是花坛，T家还给树木打造了一个曲线边缘。曲线形的石砖边缘一方面成为花园的添加景致，另一方面也突出了树木的存在感。

充满自然气息的美丽花园

🏠 绿色农舍花园

鲜花搭配绿草，再现草原风光

　　这是一个被打理得很好的草坪花园。草坪同园里的各色花草相互衬托，从而呈现出了青青牧草地一般的自然风光。

精心打理后的草坪

🏠 金井家

精心修剪草坪

　　在精心修剪过的草坪的前方长着美丽的花草和繁盛的灌木。它们同花园背后不远处的森林巧妙融合，呈现出精心打造的完美景致。

迎接家人和客人的重要场所

每当家人回家或者客人来访时，首先迎接他们的便是入户通道。这里可以说是一户人家的门面，所有人都希望把这里打理得干净整洁，从而让自家的花园给别人留下精致的印象。

---

1 通道

通道是玄关的延展空间。每当我们走在通道里，脑海里都会浮现出待会要重逢的那个人。打造一条美丽的绿植通道，让它来分享我们的快乐心情，消化我们的负面情绪吧。

绿色隧道般的通道

当我们站在通道的入口处时，看不到终点处的玄关。正因为如此，我们在向前深入的同时才能够体会到未知带来的快乐。

🏠 川岛家

各种植物共同打造的隧道

1 小路两侧的树木参差不齐。攀援植物早在头顶位置给通道盖上了绿盖。50 年以来，栽种起来的各色植物用心地接待着每一个归家的亲人及来访的宾客。

🏠 小酒馆　白客尼科乌

步行小道带来的独特心情

2 这是一个在当地小有名气的小酒馆的入门通道。在特别的日子里同特别的人来到一个特别的地方，是一件浪漫的事情。这条通道，能够带给人们非比寻常的体验。

精心打造的通向花园的通道。它欢迎着每一位访客，也给予他们想象的空间。

1

2

🏠 濑尾家

未知的期待

1 当我们站在明亮的入口处，打探前方深外看不见的小路的时候，总会不自觉地幻想"前方到底有些什么呀"。

🏠 雨宫家

一道又一道迎宾景致

2 经过长满野花野草的小路，再穿过一个玫瑰拱门之后，才能到达主花园。任何一个细节都没有被忽略的通道的前方，究竟有一个怎样的花园在等待我们探寻呢？

2 入户花园

我们可以把位于玄关前方的面积较大的空间打造成入户花园，直截了当地向归家的亲人和来访的宾客传递自己思念和欢迎的心情。在这种时候，植物会成为我们传递心情的好帮手。

🏠 川岛家

对于植物的喜爱，
一目了然

1 川岛家在阳光房中精心培育着很多植物。一部分在阳光房里长大的花草如今被搬到了玄关前用于装饰花园。其中红色的天竺葵非常夺人眼球。

🏠 濑尾家

在上方和下方位置栽
种不同的玫瑰

2 石砖打造的入户拱门同玫瑰非常搭配。濑尾家在拱门的上方和下方分别栽种不同品种的玫瑰，展现出了他们的用心和绝佳的品位。

宛如杂木林的入口

🏠 饭田家

开门之前的期待感

1 入户花园里各种茂盛的树木（山荔枝、光蜡树、黄栌）从视觉上拉远了我们同前方家门之间的距离，带给我们无限的期待感。

利用花盆和各类摆件

🏠 高桥家

每一处细节都饱含着迎宾的热情

2 高桥家的入户花园之所以如此夺目，玫瑰的装扮作用自不必说，甚至连花盆和各类小摆件也起到了不小的作用。每登上一级台阶都有不同的亮点进入我们的眼球。

1

2

入口令人无限期待，充满兴奋

花草相迎

🏠 岛村家

用绿植装扮水泥墙面

原本岛村家并没有可用于栽种的空间。后来他们在家门入口处的台阶旁打造出了一方栽种空间，并在里面栽种了一些茎较高的植物。岛村亲手制作的邮筒也成了点睛之笔。

通道的入口

🏠 川岛家

用心摆放的长椅

通道入口处摆放的长椅仿佛在对来客们说："辛苦了，先坐下休息休息吧。"再往里走，通道的中间也摆放着用于休息的长椅。川岛家的通道整体给人以悠闲轻松的感觉。

装饰门扉

🏠 濑尾家

巧用心意！

濑尾家用各种吊篮装饰门扉。一方面给来客和门外的过往者带来美的感受，另一方面也起到保护隐私的作用。

站在露台上看门扉的侧面

创意分享

模仿小型咖啡厅的入口设计

入门的台阶和两侧的花草同极具个性的门扉完美地融合在一起，令每一位访客都感到赏心悦目。

玄关前醒目的迎宾树，可以较好地隔绝路上行人的眼光

即使是没有围墙的开放式花园，也有一些不想被外人看到的地方。合理安排好迎宾树的位置，就能够较好地解决这个问题。

小小的空间也能够感受四季的变化

我们可以在从道路走到房屋入口之间的阶梯上，打造一个植物的缓冲地带。在这里，可以选择栽种一些具有个性的植物，来丰富路上行人的视觉感受。

小小的栽植空间也能因为好的创意而变得出众

　　我们绝对不能胡乱地规划任何一处栽植空间。在什么样的地方栽种什么样的植物会更有成效呢？让我们一起来看看几个实际的案例吧。

1 围墙 & 栅栏

　　对于园艺新手而言，最好选择给花园打造一个背景。而围墙和栅栏都是不错的选择。

🏠 水越家

利用枕木

1　各类植物从参差不齐的枕木中跳跃而出。有的植物热情地伸出了大半个身子，而有的植物只是含蓄地展露了一点容颜。这样的搭配让景致变得丰富而有趣。

🏠 濑尾家

将围墙内外同屋檐连接起来

2　围墙外侧及屋檐下的玫瑰同围墙内侧的植物缠绕在了一起，让绿意显得越发浓重。垂吊植物也装饰了整体景致。

🏠 平林家

统一房屋和围墙的风格

通过统一房屋墙壁和围墙的风格，可以减少对围墙颜色及形状的限制，花园主人便能够在这一点上更自由地发挥创意。

🏠 绿色农舍花园

把两侧围墙的下方空间都打造成花坛，代替常规的"门"

在围墙的下方花坛中栽种了一些比围墙颜色更明亮的植物之后，此处空间变得更加醒目。或许我们可以考虑固定在这里种植一些珍贵的花草。

🏠 阴凉花园

将围墙和植物打造成家的一部分

如果在房屋和围墙边种上和它们风格一致的攀援植物的话，就能够实现房屋、围墙和植物的一体化。如果是开花的植物，每逢花季，房屋的墙壁和花园的围墙都能够成为花儿们绽放的舞台。

2 紧邻公共道路的栽植空间

围墙的内侧和外侧都长满了各类植物，层层绿意重叠出了一个美妙的绿色世界。我们在这里赏花或打理花草的时候，可以尽情地同过往的行人及附近的邻居谈天说地，不知不觉间，家里的这一方空间仿佛成了街道风景的一部分。

过往行人赞不绝口的花园

🏠 TM 家

高人气花园

1 附近的人步行去往最近的车站时，必然会经过 TM 家的花园。TM 家的花园紧邻着公共道路，吸引了不少男女老少的一众粉丝。花园里朝气蓬勃的花草总是给路过的上班族和学生们带来十足的活力。

🏠 濑尾家

附近居民的专属玫瑰园？！

2 濑尾家位于街道的转角处，所以其南面和西面都被打造成了专门的栽植空间。每年，附近的邻居们都期待着他们家的玫瑰能够早些开放。

矾根

吊钟花

三色堇

紫叶罗勒

三色堇

①

当作花园的一部分来欣赏

🏠 TM 家

围墙内外相连的一体化花园

1 如果房屋周边没有一块较为完整的空间可以用于栽种植物的话，我们可以在围墙的内侧种上较为高大的树木，然后再在裸露的围墙墙面及外侧种上各种小花小草。待植物连成一片之后，便会有围墙内外一体化的感觉。

🏠 饭田家

连接花园的花花草草

2 位于高台上的房屋，其裸露单调的侧面很容易沦为煞风景的存在。针对这种情况，饭田家在外侧公路紧邻高台的那一边种上了很多花草，它们同上方花园里的绿植相呼应，共同打造出了一幅美丽的自然画卷。上方花园里的植物种子有时候会掉落到路边生根发芽，开出美丽的花朵。久而久之，路边的花草也变得愈发茂盛了。

②

毛夹竹桃

麦瓶草

毛地黄钓钟柳

香豌豆

蕾丝花

花烟草

抱茎蓼

萱草

香豌豆

可打造的小面积空间，找到啦！

栽种同环境相适应的植物

1 万年草（日本景天）（绿色）
2 耧斗菜
3 黄水枝
4 蕾丝花（中央）
5 禾叶土麦冬（长草）
6 源平小菊
7 万年草
8 山绣球（右）
9 日本姬空木
10 日本鸢尾

在适合的环境下植物将苗壮地成长

正如长在混凝土夹缝间的植物往往坚韧不屈一般，再狭窄的环境里都能够生长出与其相适应的植物。一旦我们为植物找到了适合生存的环境，它就会向我们展示它的顽强和美丽。

第 4 章

不同空间的设计技巧

为了把花园内的小道、花坛、栽植空间及各种装饰性物件
打造和布置得更加美观，我们应该学习相应的设计技巧，并在
实践中将自己的"风格"和"世界观"巧妙地融入其中。

打造一条特色小道

巧用木材

木材都是有温度的。我们很容易感觉到，用枕木铺设的小道和用硬质木片铺设的小道展示了两种完全不同的世界观，虽然这二者可能是由同一种木材打造而成的。如果是改装的话，可以将木材同旧花园的石块或砂石搭配使用，赋予小道难得的历史感。

花园里的小道讲述着这个花园的故事。材质、形状的小道会营造出不同的氛围，各式各样的小道又会讲述一个怎样的故事吧。接下来让我们参照几个具体的案例，来设想一下自己家的小道。

设计曲线小道

曲线小道可以从视觉上拓宽花园空间。如果我们把小道设计成曲线形的话，还能够拓宽周边的栽植空间。

纵向排列木材

这条小道能够让我们联想到潮湿的草原深处的木头栈道。在可利用的木材数量较少的时候，我们不妨试试这种方法。放纵小道两旁的花草自由生长，还能给花园增添不少野趣。

在草坪中铺设木板小道

在草坪式小道中铺设几块木板，就给这条小道增添了无穷的趣味。花园的主人还在小道的两旁栽种了很多造型百变的花草，俨然将此处打造成了一个绿色王国。

木材搭配小石子

花园主人在横向铺设的枕木的间隙中，嵌入了天然的小石子，打造了一条极具野趣的山间小道。走在上面的时候，能够一边沐浴透过树木枝叶洒下的阳光，一边体会远足的乐趣。

细腻而自然地装点花园

花园的主人在花园里栽种了大量的花草树木，在时光的陪伴下，它们细腻而自然地装点着这方花园。花园的主人用老旧的木材在地面铺设出一条小道，营造出一种与世无争的氛围。

木板搭配不规则的石头

花园改造完成之后，应该会剩下很多形状不规则的石材。如果我们把它们同木材混搭起来铺设一条小道，将会别有一番风味。

交替铺设木板和沙石

这样一条小道俨然是花园风景的一大亮点，能从视觉上带给我们无限享受。步行在这条小道上，我们甚至能够感受到足底触感的细微变化。

无规则地摆放木板

如果家里装完木质地板之后还剩下一些长短不一的木板，就可以考虑这种方法。铺设完之后，木板间的缝隙中会逐渐地长出一些花草，营造出一种自然光景。

巧用砖瓦

不同的石砖，其颜色和质感都各有千秋。在动工之前，我们必须先考虑好花园的整体风格再选择石砖，后决定其排列方式。如此设计的花园，将随着时光的流逝，呈现出越来越多的韵味。此外，我们还可以巧用各种创意来装饰石砖之间的缝隙，从而打造出不同的景致。

斜向铺设石砖

这是一条几乎笔直的羊肠小道。为了让铺设出来的小道不显得单调乏味，花园主人特意选择了斜向铺设石砖。这样的铺设方法，打造出了一种诱人深入的感觉。

纵横交错地铺设石砖

一般地，我们在铺设石砖的时候，要么选择全部横向铺设，要么选择全部纵向铺设。图中的纵横交错的铺设方法较为少见，因而显得非常独特。此外，如果想要打造分岔路的话，这样的铺设方法能给我们提供便利。

纵向弯曲地排列石砖

　　曲线形小道总是让前方的风景保持着神秘感。将石砖一块一块稍微交错地铺在地面上，打造出一条弯曲的小道。

纵向规则地排列石砖

　　通常我们习惯交错铺设每列石砖，但是图中一反常态地将所有石砖整齐有序地排列起来。整个空间洋溢出浓浓的古典气息。

撞色打造出的灵动

　　图中的小道是由多种颜色的石砖组合铺设而成。在绿植较少的情况下，这条小道调动起整体的灵动氛围。

在空着的地方栽种植物

　　我们可以在蛇形小道的周边栽种一些花草。但是如果此处的环境较为阴暗的话，就需要通过修剪等方式来控制花草的高度。此外，考虑到美观问题，最好选择在这里栽种一些彩叶植物。

自由自在地搭配

　　在规则铺设的石砖中间隔插入几块正方形的瓷砖，让小道更加富于变化。

搭配利用多余的碎石砖

　　我们可以把多余的长短不一、大小不同、形状不同的石砖搭配在一起再加以利用。石砖的不协调感反而能够提升整体环境的自然感。

花样小道

当我们在打造花园小道的时候，实际上有很多种铺设木材或石材的方式。以下几个案例各有千秋，或许其中的某种方式恰好能够符合你的心意。

把小道打造成一幅抽象画

这个案例的主材是几块自由切割而成的异形石板。花园的主人在其中几块较小的石板两侧纵向铺设了几排石砖作为点缀，打造出灵动、流畅的效果。一条抽象画般的小道由此形成。

在沙石中铺设富于韵律感的小道

图中花园的主人在亮色的沙石中铺设了几块圆形的踏脚石。这几块踏脚石并不是乏味地直线排列，因而充满了有趣的韵律感。

在小道空隙处种植地被植物

图中花园的主人在交错铺设的大理石之间种上了一些地被植物。大理石的白色搭配植物的绿意，协调而美观。

随心所欲地摆放石材

这个案例中石材的摆放方式毫无章法与节奏，却在无形中给人以轻松随意之感。在石材的"掩护"下，井盖不再显得那么突兀，整体景致实现了巧妙的平衡。

体会拼接的乐趣

路面上的正方形由几块大小、形状不一的碎石砖拼接而成。花园主人在享受拼接乐趣的同时，打造出了一条趣味十足的花园小道。

巧妙融合道路和栽植空间

石砖路两侧的栽植空间得到了最大限度的利用，小道和绿植完美地融合在一起。

有趣的拼图游戏

这个花园的主人就像是在玩一个有趣的拼图游戏，把各种形状的石砖随意地铺在弯曲的小道上。这样有趣的小道，让人感到十分惬意和轻松。

在杂木林中随意铺设石砖

这个花园的主人在裸露的地面上随意铺上了一些石砖，打造了一条足以让人欣赏杂木、花草的小道。

尝试打造一条特色小道吧

让我们尝试使用石砖来铺设一条花园小道吧。严格说来，当我们在铺设一条小路的时候，需要先用专业设备平整地基，再在地基上铺设一层水泥砂浆。完成以上基础工作之后，再利用水泥砂浆的黏合作用，将石砖一块一块地铺设上去。但是，如果是在自家花园里铺设小道，就无须如此繁琐的工序。参考风社楠耕慈先生的建议，你就能够找到更简单的方法，在不使用水泥砂浆的情况下成功打造出一条方便改装和拆除的花园小道。

STEP 1 首先，我们需要在地上挖一条沟，深度为一块半石砖的高度，宽度则取决于自己想要打造一条多宽的小路。在挖沟的同时，要彻底清除沟里的碎石和植物根茎。

STEP 2 在铺砖之前，先往沟里倒入川砂，再借用板子一点点地将其轧平。

STEP 3 依次放入石砖。在摆放石砖的时候，除了石砖之间的缝隙，尽量不要产生多余的空隙。

STEP 4 用水平仪来检测地面是否平整，不平整的地方，利用川砂加以调整。在调整好平整度之后，再摆放石砖。

STEP 5 在摆放石砖之后，用橡胶锤捶打固定。

STEP 6 按照上述方法，依照个人需求摆放长度适当的石砖。

STEP 7 石砖摆放完毕之后，为了填充其间的空隙，应在石砖上撒上川砂并用力轧平。

STEP 8 用苕帚将石砖表面剩余的川砂尽量扫入空隙处。

STEP 9 石砖小道完工。洒上水之后，川砂会收紧，从而进一步稳固石砖。

打
造
一
个
创
意
花
坛

如果想要打造一个绿草如茵、花团锦簇的花园，可以考虑在花园中打造几个花坛来划分栽植区域，从而实现花园的集中统一感。

创意万千

宽敞的花坛

如果花园面积较大，能够打造出宽敞型花坛的话，可以考虑在花坛里大量种植易繁殖的一年生草本植物，从而营造出满满的自然感。在进行日常的园艺工作时，我们需要有较长远的规划，设想好花坛在下一个季节、一年后或三年后的模样，再在此基础上对花坛做出适当的调整和处理。

花朵颜色以蓝色和白色为主，适度控制其他颜色艳丽的花草的生长。

高低搭配

这个花坛层次较分明。后方的植物较高，而前方的植物整体偏低矮。高低不同的植物搭配，使得此处的景致充满了节奏感。

选择中意的配色

这个花坛中的花朵颜色以白、蓝色系为主，黄色作为陪衬。主色和配色的选择也展现了花园主人的园艺技巧。

结合花园的整体条件

不同的花园，有不同的园艺条件。我们在打造花坛之前，需要综合考察这个空间的日照、通风及湿度等条件。

日照充足的地方

如果是日照充足、易于打理的地方，可以考虑栽种一年生草本植物，以欣赏美丽的季节性花草。

花园边的栅栏下

即使是朝南的花园，栅栏最下方的空间有时也会沦为日照的死角。但是，在这样背阴的地方，也可以欣赏到各种颜色、各种形状的花草。

打造园艺一角

图中的花坛是使用和小道相同的石砖堆砌而成的。其后方的格子木架、中央的集装箱及前方的物件都把植物衬托得更加美观了。

围墙下的细长空间

围墙的下方是打造绿化带的绝佳场所。围墙外侧面向公共道路，日照充足，此处栽种的漂亮花草也能给屋外过往的行人带来美好的视觉享受。

装饰房屋的墙角

房屋的墙角非常容易成为煞风景的区域。为了避免这一情况出现，我们可以选择一些同墙壁颜色相搭配的花草来装饰这一区域。

用不同材料打造不同形状的花坛

用不同的材料打造出来的花坛，呈现不同的景观特色。有趣的材料或有趣的形状，都能够提升花坛的存在感。此外，在打造花坛形状的过程中，园艺者的个性也能够得到充分的发挥。

在材料上下工夫

1 这个案例中，花园的主人用采光窗的常见材料——玻璃砖围出了一个极具个性的花坛。玻璃砖束紧了花坛中紫萼的根茎，使其安稳地在自己的空间里茁壮地生长。

2 这个花坛的材料选择了古色古香的石砖。纵向插入地面的石砖突出了线条感，配合着花坛中植物的细长形叶子，实现了景观氛围的和谐一致。

在形状上花心思

3 花园主人用水泥砂浆把正方体形状的石砖逐一黏合，拼接成了这个花坛。裸露出的水泥砂浆的宽度并不统一，反倒营造出了耐人寻味的美。

4 依次将石砖斜向插入地面也能够围出一个极具特色的花坛。远远望去，石砖的上角就像一座座延绵的小山，灵动而有趣。这个花坛完美地向我们诠释了什么叫作创意的力量。

巧妙的搭配

5 选用一些天然石块，将其下部埋入土中，利用露出地面的部分围出一个随性的花坛。石块同小道上的沙石紧紧地拥抱在一起，完美地将花坛融入小道里。花坛里的花草焕发着蓬勃的生命力，也带给赏花人无限的活力。

尝试打造一个创意花坛吧

　　让我们尝试着在不使用水泥砂浆的情况下打造一个创意花坛吧。这里，我们选择了屋檐下方的区域。这个区域由于鲜有雨水的滋润，较为干燥，所以需要频繁地浇水。花坛里混合栽种着宿根花卉和一些其他一年生草本植物。一旦当年栽种的一年生植物（如桔梗和三色堇等）的花期过去，我们就需要立即栽种其他的花草，以迎接下一个季节。

STEP
1
选定一个区域来打造花坛。在动工前先除草，并清除干净地下的碎石及其他植物的根茎。

STEP
2
充分地轧平土地。

STEP
3
在要铺设石砖的地方均匀地撒上川砂。

STEP
4
铺设石砖。由于需要打造出花坛的曲线外形，所以要根据实际情况考虑是横向还是纵向摆放石砖。

STEP
5
用水平仪来检测砖面是否平整，在不平整的地方，利用川砂加以调整。在调整好平整度之后，再继续摆放石砖。

STEP
6
花坛边缘的第一层打造完毕。继续交错地铺设石砖，以完成第二层、第三层的铺设。

STEP
7
三层高的花坛边缘打造完毕。

STEP
8
在花坛中倒入土壤。此处我们使用了 10 袋（25 L 装）市面上常见的培养土（自己调制培养土的情况，请参照 P.108）。

STEP
9
栽苗。最后留几撮麦冬苗，栽种到前方的石砖缝隙中。

* 使用的植物分别是初雪葛、白晶菊、瓜叶菊、禾叶土麦冬、银叶爱莎木 - 妮维娅、麦冬。
** 栽苗方法请参照 P.112、P.113。

打造一个升高花坛

所谓的升高花坛，是指高于水平地面的花坛。同地面的花坛相比，升高花坛的排水性更佳，日照更充足，通风效果也更优越。此外，升高花坛还有一个无可比拟的优势，即非常便于移栽植物。通过移栽花坛里的植物，花园的氛围也能焕然一新。

在升高花坛中统一栽种较为低矮的植物。混栽的多肉植物成为一大亮点。

把个性和创意融入石砖和绿植中

图中的升高花坛是由一块块较薄的石砖依次堆砌出来的。古色古香的石砖搭配着绿意盎然的垂吊植物，园艺者的个性和创意呼之欲出。

用鲜花装饰花园一隅

直接在地面栽种植物的话，往往容易让花园一隅看起来愈发萧条冷清。升高花坛的打造，彰显和强调花草的魅力，减少了花园一隅的冷清。

尝试打造一个升高花坛吧

升高花坛多呈方形，一般由石砖等材料堆砌而成。虽然通常我们都会往花坛内倒入培养土来栽种植物，但是这里姑且只向内放入一个嵌入式花盆来打造一个简易的升高花坛。同前文所说的普通花坛的打造方法一样，在堆砌升高花坛的时候，依旧不需要使用水泥砂浆，而只需将石砖依次重叠、堆砌起来就够了。这样的简易花坛，在移栽植物的时候，只需要将花盆单独取出即可，非常便利。此外，其改装和拆卸也非常简单。

STEP 1　选定一个区域来打造升高花坛。在动工前，要先除草，再充分轧平地面。

STEP 2　在要铺设石砖的地方均匀地撒上川砂。

STEP 3　用水平仪来检测地面是否平整，不平整的地方，利用川砂加以调整。在调整好平整度之后，开始摆放石砖。

STEP 4　在即将铺设完第一层石砖的时候，向内放入一个嵌入式花盆。确认好花盆边缘所需要的空间之后，继续铺设剩余的石砖。

STEP 5　上图是第一层石砖铺设完后的样子。花盆的边缘预留出足够的空间。

STEP 6　继续交错地铺设石砖，已完成第二至第五层的铺设。

STEP 7　五层石砖高度的花坛打造完毕。花坛将花盆完美地嵌入了其中。

STEP 8　在花盆中倒入土壤。此处我们使用了 3 袋（25 L 装）市面上常见的培养土（自己调制培养土的情况，请参照 P.108）。

STEP 9　栽苗。

* 使用的植物分别是初雪葛、桔梗、三色堇、禾叶土麦冬。
** 栽苗方法请参照 P.112、P.113。

打造一方栽植空间

心思将其打造成一方单独的栽植空间。接下来将介绍几种可行的方案。

花园里的某些空间不够宽敞，不适合用来打造花坛，或许我们可以巧用

围墙和墙壁的下方

围墙和墙壁的下方往往会有一块较为完整的空地。稍微花点心思，此处也能华丽蜕变为一方栽植空间，从而以绿化带的形式将房屋和花园完美地连接起来。由于屋檐阻挡了雨水的降临，所以这个空间往往较为干旱。因此在选择植物的时候，要考虑其对环境湿度的要求。

高矮不一的植物，搭配了一把复古风的椅子。

植物同背景颜色互为衬托

大量的白花银叶同灰色的墙壁互相衬托，凸显了整体景致的立体感。

高茎植物给花园带来别样风景

木质栅栏突出了横向线条。与之相对的是，努力向上生长的木贼则强调了纵向线条，给花园带来了别样风景。

遮挡房屋基础部分的污渍

房屋的基础部分总是容易被雨天从地面溅起的泥水污染。在这种情况下，或许我们可以考虑用植物来遮挡污渍。

树木和走廊的下方

树木和走廊的下方往往会有一片豁然开阔的空间。此处的环境和条件自不必说，但如果我们再在这里种上一些花草的话，就能够起到锦上添花的作用。以下案例，将会让人惊讶于植物的魅力和存在价值。

不同颜色的观叶植物，搭配着各种长着细长形叶子的小草，画面和谐统一。

在树根处栽种野花野草

在杂树下栽种野花野草是不容易出错的搭配。这个案例中，花园主人选择了花期较长且外形美观的圣诞玫瑰。

在树下栽种可爱的花草

这是一个位于停车场里的栽种空间。花园主人为了避免单调感，特意在树木周边种上了各种各样的可爱花草，营造出一种轻松惬意的氛围。

在走廊下栽种可随风摆动的细长叶植物

此处是走廊的延伸空间。为了避免沉重的氛围，花园主人栽种了一些有着细长叶子和美丽花纹的植物。每当微风拂过，它们会随之摆动，给花园带来灵动感。

隐藏树根周围裸露的土地

在这个案例中，树根和草坪之间原本有一部分裸露的土地，非常影响花园的整体美观。为了解决这个问题，花园主人在这里栽种一些花草，完美连接草坪和树木。

活用装饰性构筑物

越小型的花园，其发挥的效果将会越显著。

如果想要打造美丽的花园景观，我们可以让一些装饰性构筑物来帮忙。

利用藤架和凉亭打造

花园的纵深感

所谓的藤架，是指由格子状和柱状的材料组合搭建起来的架状物。而凉亭则类似于西洋式的观景亭榭。如果在花园里加装一个藤架或凉亭，不仅可以赋予花园风景以立体感，而且还能够营造出一种"花园深深深几许"的美妙意境。根据个人喜好，我们甚至还可在藤架或凉亭的下方打造一个私人的休闲空间。

拱门是攀援植物的最佳展示地。

代替停车场的顶棚

在停车场里加装一个藤架，并让美丽的攀援植物将其覆盖。如此一来，停车场就摇身一变，成为一个豪华美丽的入户花园。

用攀援植物打造立体感

这是一个铁制的简易凉亭。凉亭上爬满了玫瑰和吊钟藤，其下方摆放着一把精致的椅子。每当坐在上面的时候，都能够享受到绿意包裹下的片刻宁静。

打造一方私密空间

在藤架的下方摆放一条长椅，并用自己喜欢的花盆和物件来加以装饰。坐在这里的时候，我们能够屏蔽周围的目光，安心地做回自己。

代替狭窄通道的顶盖

图中的藤架几乎覆盖住了整条通道，在攀援植物的配合下，像是给通道搭了一个美丽的顶盖。但是这个顶盖并没有完全遮挡阳光的洒入。

代替普通的门

这个案例在主花园的入口处安装了一个拱门。它起到了门的作用，却稀释了普通的门带来的压迫感。

满满的手作感

花园主人利用平整土地时找到的木材，亲手搭建了一个藤架，给花园打上了满满手作感的标签。

结合花园风格，给构筑物刷上彩色油漆

这个花园中有多个拱门，主人统一给它们刷上蓝色的油漆，俨然将花园打造成了一个海边度假村。

这个案例中的藤架被设计成拱门的形状。花园主人将其刷成蓝色，给绿意盎然的花园添加一抹不一样的色彩。

这个案例中的拱门位于花园的入口处。它的存在仿佛告知我们，穿过拱门迈上台阶，将进入一个完美的新世界。

这个花园的主人在木质栅栏的前方，用同种风格的木材打造出一个藤架。藤架上的植物同地面的花草相连，营造出统一和谐的氛围。

💡 参考方案

接下来将介绍一些巧用装饰性构筑物的案例。其中会涉及构筑物同背景之间的关系、装饰构筑物的风景等问题，敬请参考。

这个案例中的藤架是由三根柱状木架搭建而成。这样的设计非常节省空间。顶部的木架呈放射状，从视觉上拓宽了整体空间。

这个藤架安装在小道的尽头。藤架下的长椅仿佛在邀请我们过去稍作休息。

兼具功能性与设计感

这是一个将常用工具挂在小屋外侧的"展示型收纳小屋"。这样的小屋在发挥其功能性的同时，也彰显了园艺者的设计能力。

完美融入花园中

这样的一个小屋可谓韵味十足。木质栅栏上的攀援植物倾泻而下，铺满了小屋的屋顶。

把小屋粉刷成明亮的颜色

在明亮小屋的映衬下，旁边的针叶树林仿佛也没有那么阴暗了。它凝聚了整个花园的梦幻气息。

园艺工具的收纳
小屋

我们把收纳园艺工具的木质小屋称作"花园一景"，它能够同时起到收纳和装饰两种作用。如果我们先修建小屋的话，则需要在考虑到小屋风格的基础上再打造花园风景。相反地，如果我们先设计花园的话，则需要想办法将小屋自然地融入花园风景当中。

小屋的存在提升了花园的故事性。

精心规划植物的展示方法

小型花园里能够栽种的植物有限，但正因为如此，我们才需要尽可能地去彰显这些植物的魅力。接下来让我们一起来了解一些行之有效的方法吧。

打造花园一角

首先，我们需要选定花园一角，在这里练习如何搭配植物、装饰性物件及其他背景。随着搭配设计能力的提升，就能够逐渐拓宽这一角的面积，也能够提升自己设计花园整体景致的能力。动手试试看吧。

打造自己心仪的一角

我们可以在操作台上收集自己喜欢的混栽盆栽和吊篮。

用椅子和其他物件装饰

利用墙壁和平面高低差也可以打造花园的一角。在这种情况下，椅子能够成为点睛之笔。

手作装饰架

我们可以在露台一隅搭建一个装饰架。在架子上放上几个花盆，交替种植应季花草。

吊、挂、摆。打造景致的立体感。

简易的装置也能够体现极佳的审美

　　这是图3升高花坛的内侧景色。植物的搭配看似简单随意，却将园艺者的绝佳品位表现得淋漓尽致，令人钦叹。白色、绿色和茶色的搭配非常巧妙，营造出一种自然的平衡。

植物、饰品和花盆的搭配

　　虽然这一角卡在栅栏和走廊之间，但是，我们也可以利用柔软的树枝、美丽的花草及各种各样的饰品进行打造和装饰。

小小展示区

1　锈迹斑斑的铁制椅子上摆放了一盆圣诞玫瑰。花盆同生锈的椅子十分搭配。
2　木质地板上摆放着一盆多肉植物。周边的彩色石头强调空间感，花盆旁边胖乎乎的松果同多肉植物相呼应。
3　这是一个自制的角落花架。花架的木板覆盖在升高花坛之上。随意摆放的花盆在漫不经心间展示出园艺者的极佳品位。
4　插在旧茶壶里的几株绿植点缀了这个不起眼的角落。用画框作为背景的想法非常巧妙。
5　图中的花台是由修花园小道时剩下的大谷石打造而成的。花篮、插花用的浅口花盆及盆栽的选择都非常巧妙。

创意花盆

花盆的选择同样考验着园艺者的品位。一个好看的花盆，其本身就可以成为一处景致。但是我们应该知道，植物才是花园的主角和灵魂，所以切忌让花盆喧宾夺主。程度的把握或许比较困难，接下来我们将介绍几个实际的案例，希望能够有所启发和帮助。

在花盆里种树

虽然花园里有足够的空间用来种树，但如果我们换一个思路，把树种到花盆里，或许能够创造出意外的美景。这个案例中，花园的主人做出这样的尝试，并且在树根处栽种一片垂吊植物，它们"流"到地面同花盆周边的花草汇合，融入花园的整体风景之中。

水缸花盆

水缸花盆也可用于浇水。花园主人在水缸中栽种了一些不至于将水面完全覆盖住的水生植物。放在水缸边上的水勺也起到了装饰的作用。

在花盆中栽种喜湿植物

这个案例中，园艺者将喜湿植物栽种到水壶形的花盆中。虽然喜湿植物需要大量浇水，但是在水量过多的情况下，这种设计的花盆也方便多余水分的排出。

在入户花园里摆放花盆

我们可以在花盆和集装箱中栽种一些季节性花草。待到花开正好之时，便可以将其搬到入户花园中，供访客及过往行人欣赏。

曲径通幽处之花盆的世界

便于移动的花盆能够带来很多方便和乐趣。花盆景致甚至可以说是花园风景的浓缩。让我们一起体验栽种植物、选择花盆及摆放花盆的乐趣吧。

把野草扔到篮子里

可爱的迷你景致

1 大把大把的野花野草被扔进篮子里的感觉。多肉植物也可以这样种哦。
2 破旧的迷你水壶里种在里面的多彩的多肉植物形成鲜明的对比。
3 小花盆里的球根植物开出了一两朵可爱的小花。小小的花盆仿佛浓缩了整个花园世界。
4 摆放在在有高低落差处的垂吊植物。其带花纹的叶子在白色墙壁的衬托下，凸显着存在感。
5 百万心柳条般的枝叶向下自然延伸。

向下垂吊

挂在房间里

装饰房间

6 植物仿佛要从吊篮里溢出来似的。吊篮的造型及色彩的搭配都非常巧妙。
7 图6的吊篮上方还有一个这样的水生植物吊篮。
8 这盆多肉植物被放置在一个老旧的糕点架上。植物、花盆和糕点架都属于同一色系。
9 豆瓣绿长着可爱的圆形叶子，它们同深色的花盆形成巧妙的颜色对比。此外，同色调的窗檐也与之非常匹配。
10 放在花台上的花盆时刻展示着协调的绿意。花盆旁边的小物件同植物非常搭配。

草坪的铺设方法

铺设草坪有多种方法，我们既可以选择播种栽培的方法，也可以直接在地面铺设地垫状的草皮。在选择草苗品种方面，如果喜欢天鹅绒草等日式草苗，春天到初夏是最好的作业时间。此外，也应该将日照和通风条件纳入考虑范畴。

STEP 1 准备好铁铲、锄头等用于平整地基的工具，以及苕帚、表施细土和草皮（地垫状）。

STEP 2 在地面挖出一方深约 10 cm 的空间，将空间内的碎石和杂草的根茎拔除，再使用工具平整好地基。

STEP 3 在准备铺设草皮的地方撒上表施细土（这里我们使用的是含缓释肥料的细土）。

STEP 4 准备铺设草皮的地方已全部撒上表施细土。

STEP 5 一张一张地将地垫状草皮铺设上去。

STEP 6 在每一张草皮间留出固定的空隙，依次铺设。

STEP 7 草皮铺设完毕。

STEP 8 从草皮的上方撒上表施细土，将其余部分清扫干净后，大量浇水。

完工！

第 5 章

园艺基础及植物的打理方法

本章将介绍和总结园艺工作所必需的工具及园艺方面的基本常识。只有栽种的植物茂盛地生长，我们才能够真正拥有一个属于自己的美丽花园。在上手之后，园艺工作或将成为我们的一大爱好。

园艺工具① 打理植物的工具

Tools for gardening

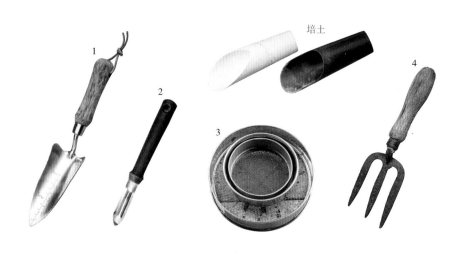

培土

培土

1 **移植铲**
用于刨坑或小面积翻土。

2 **迷你移植铲**
适用于更小空间的园艺工作。用于小花盆作业非常方便。

3 **筛子**
用于筛土，或用于剔除土壤中的碎石子及其他垃圾。

4 **园艺手叉**
可用于坚硬地面的松土。

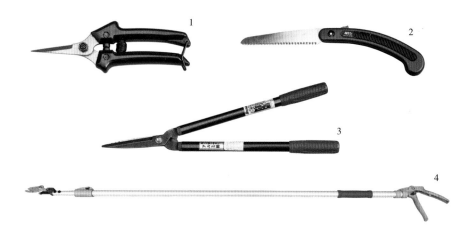

修剪

1 **定位剪刀**
最多能够剪断直径 2 cm 左右的树枝。尖锐的刀尖可以用于修剪植物较为茂密的部分。

2 **锯齿刀**
用于修剪直径 2 cm 以上的树枝。由于刀片较薄，还可用于修剪细小缝隙处的植物。

3 **修枝剪刀**
用于修剪花园树木或矮树篱笆。双手握住手柄，快速正确地修剪枝条，尽量让剪切口比较平滑，不产生开裂。

4 **高枝剪刀**
可用于修剪高处的树枝或采摘高处的果实。

How to use
移植铲的使用方法

灵活使用铲子的前部

在刨土的时候，我们需先将移植铲的前部插入土壤中，再按压手柄处将土壤刨起。在刨土的过程中，要留意不要误伤土壤中的植物根茎。

带刻度的移植铲

当我们为了栽种球根植物而挖坑的时候，或者因为其他的原因要挖出一个较深的坑时，就需要一个带刻度的移植铲。因为它能够提示我们当下所挖的深度。

接下来将介绍几种培育或打理植物时所需要的工具。虽然我们可以临时购买所需要的工具，并逐步备齐一整套。但是，如果提前准备好一套自己喜欢的工具，园艺工作就将成为我们每日所期待的事情。待到熟练之后，这些工具都将成为我们不可或缺的帮手。

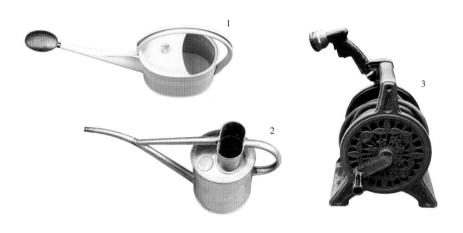

🪣 浇水

1 喷壶
用于浇水或施肥。壶嘴处带有可拆卸型莲蓬头的喷壶为最佳。

2 水壶
如此形状的水壶能够照顾到很多狭小空间。在只给树根或草叶浇水或往花盆里浇水的时候，这样的水壶能给我们提供很多便利。

3 洒水软管
卷轴式的洒水软管便于移动和收纳，能给我们的园艺工作提供极大的便利。带有一键关水或水量调节功能的软管为最佳。

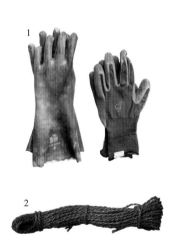

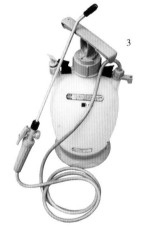

🌿 其他

1 园艺手套
在触碰带土、带刺的植物时，专业的园艺手套能够带给我们安心。

2 细绳
用于固定支架等。园艺用的细绳最好放在触手可及之处。

3 喷雾器
能够将药剂以雾状喷洒出来。轻便易操作。

4 标签贴纸
我们可以在标签上注明植物的名称及栽种日期。这能够帮助我们更好地制订第二年的栽种计划。

How to use
园艺手叉的使用方法

从植物的根茎旁插入

园艺手叉能够帮助我们在不伤害到植物根茎的前提下将植物连根拔起。首先，将手叉从植物的根茎旁插入土壤中。

▶▶▶

撬起整株植物

接下来，我们利用杠杆原理，用双手抓紧手叉的手柄向下按压，即可将整株植物从土壤中连根拔起。同理，园艺手叉也可用于除草作业。

园艺工具② 打造花园的工具

Tools for gardening

✎ 铁铲 / 锄头 / 钉耙

1 苕帚
竹苕帚非常适合用来清扫落叶。尼龙或棕榈制成的苕帚则可用于轧平地面。

2 铁铲
铁铲包括尖头铁铲和四角形铁铲，可用于掘土或耕地。

3 锄头
可用于耕地、平整地面或堆土等。锄头的形状多种多样。

4 西式锄头
又被称作立式镰刀，可用于平整土地、堆土及除草。

5 钉耙
多根耙齿像梳子一样并排排列着。可用于耕地或平整地面。

6 槌子
在给树木安装支架时使用。

7 支架
用于固定树木。有的支架也可以用于固定低矮灌木及花草。

How to use
铁铲的使用方法

借助自己的体重
　　让铁铲垂直于地面，再将自己相对更使得上劲儿的脚踩到铁铲上面，借助自己的体重将铁铲深深地插入土中。

翻土
　　向下压倒铁铲的手柄，利用杠杆原理，在保护好植物根茎的前提下将地下的生土翻上来。

无论是亲自打造花园，还是从园艺家的手中接过花园进行管理，都需要准备一些最基本的园艺工具。如果自己属于 DIY 派的话，还可以亲手设计和打造贴合花园整体氛围的藤架与作业台。让我们一件一件地备齐这些必需品吧！

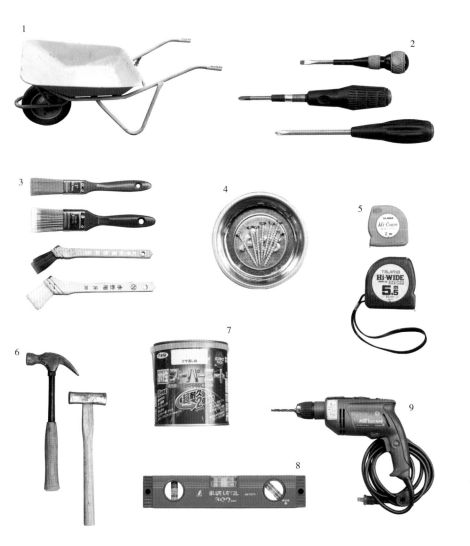

↖ DIY 用品

1 手推独轮车
如果想要一次性搬运完各种材料和修剪下来的树枝，就应该准备一辆手推独轮车。

2 螺丝刀
可用于组装园艺家具或其他手工场合。

3 刷子
用于涂抹油漆。记得选择适合油漆属性的刷子。

4 钉子
在准备锤子的时候，也不要忘记准备一些不同大小的钉子。

5 卷尺
在设计花坛的时候，需要用卷尺来测量设计面的尺寸，以规划所需材料的数量。

6 锤子
家具的制造和修补都离不开锤子。橡胶制的锤子适用于砖瓦作业。

7 油漆
如果我们按照自己的想法给园艺家具和花盆涂上油漆的话，就能够进一步烘托出花园的美妙氛围。

8 水平仪
水平仪是用于确认水平位置和垂直位置的工具。在铺设或堆砌石砖时会用到这个工具。

9 电钻
通过更换钻头，既可将其作为电钻来使用，也可将其作为普通的螺丝刀来使用。

How to use
── 西式锄头的使用方法 ──

耕地 / 平整地基

西式锄头同普通锄头一样，可以用来耕地和平整地基。我们需灵活地使用其三个断面及各个边角。

除草

将锄尖立起来使用的话就能够用来除草。在除草的同时也能够顺便平整地基。如此一来，仅凭一把锄头就基本能够完成平整地基的工作。

为植物的生长发育创造良好的土壤条件

How to make the soil

市面上出售的各种土壤

—— 基本用土 ——

黑土	富含有机物，保水性较好，但透气性及排水性较差。需要改良土质或充分施肥。
赤玉土	由火山灰堆积而成，为圆状颗粒。兼具较好的透气性、排水性及保水性。
鹿沼土	黄色的轻石颗粒。透气性好，保水性佳，酸性较强。
真砂土	由花岗岩风化而成的土壤。保水性较好，透气性较差。缺乏营养成分，需要混合改良用土或必要的肥料。
轻石	轻质的火山喷出岩。具有较好的透气性和排水性。常被铺在花盆底部或同普通土壤混合使用。

—— 改良用土 ——

堆肥	把树皮、牛粪等堆积起来使其腐烂发酵后变成的肥料。
腐叶土	由阔叶树的落叶腐烂发酵而成的营养土。虽然有较好的透气性和排水性，但却不足以成为肥料。
泥炭土	由泥炭藓经长期堆积后泥炭化而成。具有较好的透气性和保水性。常同珍珠岩土及蛭石土混合使用。
碳化稻壳	由稻壳碳化而成。具有良好的透气性和保水性，常用于防止根茎腐烂。其碱度较高，在利用的时候需要加入适量的酸性土壤。
珍珠岩	从珍珠岩中人工提取而来的砂砾。具有较好的透气性和排水性。
蛭石	由蛭石在高温下膨胀生成的人工用土。质地轻盈，具备良好的透气性和保水性。
硅酸盐白土	高温燃烧硅藻土后得到的颗粒状土壤。能够防止植物根部腐烂，促进其发育。
沸石	沸石多孔，具备良好的透气性、排水性及保肥性，能够有效防止植物根部腐烂。

明确土壤的性质，进行必要的改良

植物扎根于土壤，并从中吸收水分、养分和氧气。因此，为了植物能够长得更好，我们需要保证土壤中有适量的水分、必要的养分，保持良好的透气性。在进行园艺作业的时候，虽然没有必要把花园的角角落落都确认一遍，但是在要栽种植物及将来打算栽种植物的地方，应该进一步明确该处土壤的性质，从而进行必要的改良。所谓改良土质，是指在普通土壤中混入改良用土。对于新手，我们推荐直接使用已经改良过的培养土。市面上大多数的培养土都含有基肥（指植物栽种前，结合土壤耕作所施用的肥料），但也有例外的情况。因此，建议购买的时候注意鉴别廉价的残次品。

🔍 确认自家花园的土壤性质

［排水性］

我们可以通过观察雨后花园土壤的状态来判断其是否具备良好的排水性。如果路面出现水洼且土壤湿度很高，则说明其排水性较差。此外，还可以在晴天挖出一块土壤，观察其被浇水后的状态。通过观察，我们也能大概了解到花园土壤的性质。

［酸碱度］

大多数植物都喜欢 pH5.5 ~ pH6.5 的弱酸性土壤。无论是酸度过高还是碱度过高，都会影响植物吸收到的养分和微量元素。因此，在栽种植物前，我们有必要利用酸碱测试液来对土壤的酸碱度进行测试。

用酸碱测试液检测出了土壤的酸碱度！

将自来水倒入土壤样本中充分混合后再静置。通过观察静置后的液体颜色，可知样本土壤的酸碱度。其颜色越偏向红色，则说明酸性越强；越偏向蓝色，则意味着碱性越强。左侧照片中的土壤呈弱酸性，是适合植物生长的酸性土壤。

为了让花园里的植物更加健康、旺盛地生长，必须保证基础土壤中包含足够的营养成分。我们需要知晓自家花园土壤的状态，再设法为植物的生长发育创造出更为优质的土壤条件。在优质土壤的呵护下，植物的花期能够延长，花朵也能够绽放得更美。

优化花园的土壤条件

土壤酸度较高的情况

如果花园里的土壤呈酸性，我们可以用石灰等改良性材料加以调节。每 10 L 土壤混入 10 g 的石灰，混合后的土壤 pH 值就能够提升 1.0。请注意，我们应该在栽种植物前的一个月就完成此项准备工作。

排水性不佳的情况

如果我们把植物栽种在排水性不佳的土壤中，其根部就会非常容易腐烂。为了避免这种情况发生，我们应该尽量挖出更深的坑，先在底部铺上泥炭土或珍珠岩土，再施以堆肥等富含有机质的肥料。

需要改善土质的情况

如果土壤较为贫瘠的话，我们首先需要做的，就是改善土质。耕地和施肥是基本操作。在施肥的时候，平均每平方米土地需要撒入 10～20 L 堆肥或腐叶土，并将其同土壤充分混合。

需要外来土壤的情况

如果我们住在商品房里的话，或许不具备自行改良土壤的客观条件。在这种情况下，就需要从其他的地方搬运优质的土壤回家用于种植。

改良盆栽用土

* 盆栽被放置在离山近，且虫子较多的阳台上。

STEP **1**

往珍珠岩、蛭石及具有防虫效果的堆肥中撒入粉末状药剂，充分搅拌混合。

STEP **2**

添加化肥，并将其充分混合在土壤中。

STEP **3**

放入能够提高保肥性的硅酸盐白土，以防止植物根部腐烂。

STEP **4**

充分混合所有添加物之后，盆栽土壤的改良工作完成。有必要根据花盆放置位置的环境，因地制宜地选择添加物。

施肥

Fertilizer

对于植物而言，肥料是非常重要的养分。但是，正所谓"月满则亏，水满则溢"，我们在对植物施肥的时候也应该把握适度原则。过多的肥料会伤害植物的根茎，使其更容易生病。综上，选择合适的时机施加适量的肥料，对于栽种植物而言是至关重要的。

施肥方法

【树木】

花谢之后便可以施肥了。施肥的时候，我们不能直接将肥料撒到树根上，而应该以树木为中心（在最茂盛的枝叶的外侧正下方），以画圆圈的方式挖多个施肥坑。

往各个施肥坑中倒入固体形状的缓释肥料（上图中为油渣），再用土将其埋起来。

【花草】

将固体肥料埋到距花草根部稍有一些距离的地下，将液体肥料溶入喷壶内的净水中，用于浇水。在浇水前，还可以施加一些粉末状的肥料。

给不同的植物施加不同的肥料

氮（N）、磷（P）、钾（K）被称作肥料的三大要素，是植物生长不可或缺的营养成分。氮能够促进植物的枝叶与根茎的生长。磷作用于植物的花与果实，在磷的帮助下，植物才能够开出更好看的花，结出更丰硕的果实。钾能够让植物的根茎变得更加强韧。不同的肥料，上述三种要素的成分比略有差异，因此对不同的植物我们需要选择不同的肥料。市面上在售的肥料都注明了其构成成分及比例，可供参考。

肥料的种类繁多，依照成分的不同，可以将肥料分为有机肥料与化成复合肥料。依照施肥时间的不同，又可以将肥料分为基肥（栽种植物时所施用的肥料）与追肥（在植物生长过程中追加的肥料）。而依照形态的不同，又可以将肥料分为液体肥料与固体肥料。最后，依据生效方式的不同，还可以将肥料分为速效性肥料与迟效性肥料。

肥料的种类与施用方法			
种类	**特征**	**生效方式**	**施用方法**
有机肥料	以油渣、骨粉、牛粪、鸡粪、堆肥、草木灰等动植物为原料的肥料。对植物和环境都较为友好	养分释放缓慢，肥效持久	基肥 / 追肥
化成复合肥料	化学合成的肥料。有的呈速效性，有的呈迟效性。由于种类繁多，需要结合具体的施肥目的，做出谨慎的选择，且需把握适量原则	固体：养分释放缓慢，肥效持久 颗粒 / 粉状：见效较快 液体：见效快	固体：基肥 / 掺混肥 颗粒 / 粉状：基肥 / 追肥 液体：追肥

植物的种类

Types of plant

植物的分类，如下图所示。当我们在查询各类植物所适应的生长环境及其性质的时候，植物的分类就显得尤为重要。此外，在设计花园的时候，植物的分类还能给我们提供一些思路，例如某一种植物应该栽种在何处，以及某一类植物适合栽种多少株等。

中高乔木

中高乔木的高度可达到 6～15 m。请注意，并不是所有的花园都能够种植中高乔木。

落叶树

落叶树指到了冬季，树叶会枯死、掉落的树种。既有落叶阔叶树，也有落叶针叶树。

常绿树

常绿树指终年常绿的树种。既有常绿阔叶树，也有常绿针叶树。

低矮灌木

我们将高度为 1～3 m 的树种称为低矮灌木。种在花园里的低矮灌木，往往发挥着连接中高乔木和地面花草的作用。

球根植物

多年生草本植物的一类。在开花之前，球根在地下不断地吸收营养、逐渐长大。

宿根植物

进入休眠期的宿根植物即使地上部分枯萎了，其地下部分仍然在吸收养分，持续生长。常同多年生草本植物相混淆。

多年生草本植物

能以同一姿态存活多年的草本植物。其中一部分花草到了休眠期其地上部分会枯萎，但另一部分花草即使到了休眠期其地上部分也不会枯萎。

一年生草本植物

仅仅需要一年时间就可以完成一个生命周期的草本植物。一般来说，一年生草本植物在开花结果后便会走向枯萎。

一年生草本植物

Annual plants

一年生草本植物能开出各色的花朵，装扮出一个美丽的花园。这类植物离不开细致的呵护。由于其繁衍期较短，除了自然繁殖，还需要通过人工移植的方式来培育出更多的一年生草木植物，让花园充满季节感。

打理的关键

一年生草本植物生长速度较快，所以需要保证肥料的不间断供应。从其即将开花时开始计算时间，在开花后的1周到10天之间，通过浇水的形式施加一次液体肥料。花谢之后，应该赶在其结果之前将花梗摘下，并尽可能早地移植上下一个季节的植物。

挑选方法

对于新手，比起自己播种，我们更建议直接购入花苗。在购买花苗的时候，请注意观察花苗的茎是否挺拔，以及节间是否过长。此外，请勿购买枝叶已经枯萎的花苗。再者，在购买之前还需确认花苗是否长虫。最后，购买的时间也有讲究。我们不建议花苗刚上市时购买，而是建议等到更适合栽种植物的时候再购买，因为那时候花苗品种更多，质量也更佳。

播撒花种的方法

STEP 1

往花盆中倒入培养土。

STEP 2

用手指抠出一个小洞，向内放入3粒花种。

STEP 3

用泥土将花种覆盖起来。花苗长大之后，在间苗的同时顺便更换一个花盆或将其移植到地面。

栽种方法

STEP 1

在计划栽种花草的地方，用移植铲挖出一个比原来花盆大一圈的坑。

STEP 2

在坑底及周边撒上培养土。

STEP 3

把从花盆中移植出来的花苗栽入坑中，用泥土覆盖其余空处。为了欣赏到美丽的花朵，请注意不要损伤花苗的根茎。

宿根 / 多年生草本植物

Perennial plants

这类植物一旦被栽种入土，每年都会在同一个地方开出花朵，使我们真切地感受到四季的轮回。这类植物不需要耗费较多精力来打理和照顾，所以建议将其同一年生草本植物合栽在一起。其母株长大到一定程度之后，还需要对其进行分株处理。

打理的关键

一部分多年生植物到了休眠期，地上部分就会枯萎。最开始是花朵。当花朵凋谢时，应该将其摘下，待地上部分完全枯萎后，从侧面将其花茎整体割断。在这类植物休眠期间，无须施肥，但需要间隔 5 天左右浇一次水。还有一部分多年生植物即使到了休眠期，其地上部分也能够保留。对这一类植物，需要在其花期之后，将枯萎的花朵摘下，再进行施肥和必要的修剪。每隔 3 年左右，还需要进行一次分株处理。

挑选方法

市面上的宿根植物，有的已经开花了，有的还处于萌芽阶段。如果想要即刻欣赏到美丽的花朵，建议选择前者，但请注意不要被花朵的数量蒙蔽了双眼而忽视了观察其枝叶长得是否茂盛。如果想要享受栽种的乐趣，则建议选择后者。另外，宿根植物的花期较短，建议选择一些能够与其搭配的植物，将它们合栽在一起。

栽种方法

STEP 1

用铁铲在地面挖出一个小坑，在坑的底部和周边位置施用适量堆肥。

STEP 2

将宿根植物的根茎放入坑中。

STEP 3

将堆肥添加到坑内及花苗与花苗之间。

STEP 4

撒上堆肥，盖上土壤，一株宿根植物便栽种完毕。

栽种宿根植物的位置

① 银叶爱莎木 – 妮维娅
② 白妙菊
③ 禾叶土麦冬
④ 白晶菊
⑤ 麦冬
⑥ 花叶络石

球根植物

Bulbous plants

秋天栽种的球根植物，到了来年春天会开出美丽的花朵；而春天种下的球根植物，能够带给我们从夏天到秋天的长时间的视觉享受。这类花草能够自行储备足够的养分来支持自己开花，所以无须人工施肥。从这一点来说，栽培球根植物会比栽培其他植物轻松很多，对园艺新手非常友好。

打理的关键

球根植物无须肥料的养护。在其生根发芽之前甚至无须人工浇水。相反，过量的水分可能会使其球根腐烂。从某种程度上来说，球根植物喜欢偏寒冷的环境，因此户外种植更有利于其生长。但是，请注意保护球根不要被霜冻伤。花期结束之后，请及时施用富含钾的追肥。最后，如果球根植物的枝叶发生枯萎的话，请将球根整体挖出并置于背阴处，让其自然干燥。

挑选方法

在挑选球根植物时，需要观察球根表面是否有伤痕或皱褶，确认其是否正在走向枯萎。健康的球根色泽鲜亮，且拿在手里的时候有明显的重量。此外，摆放在花店里的球根植物由于长时间处在干燥的环境，球根多有伤痕，不建议购买。分球繁殖而来的球根植物也不是最佳选择。目前，市面上的球根植物既有零售的，也有批发的，在购买前，应该尽可能先确认它们的质量。

球根植物的栽种方法

STEP 1

选择排水性及保水性都较好的土壤，将较大颗的球根的三分之一埋进去。

STEP 2

间隔一定的距离再栽种一颗。

STEP 3

为种好的球根培上 2～3 cm 厚的土壤。再在周边栽入几个小颗的球根。

STEP 4

如果是群生品种，也可以将它们一起栽种在同一个地方，栽好之后再为其培土。

注意！

当我们把球根从网中拿出来的时候，应该把标签信息朝上放置。因为在种植的时候，需要知道标签上所注明的必要信息，如该球根植物的具体品种及将来会开出什么颜色的花朵等。

储藏方法

花期过后，球根植物的茎叶会逐渐枯萎。待枯萎后，应该将球根整体挖出，放到通风条件较好的背阴处充分干燥。之后再挪到网袋中，于阴暗处保存，静候下一个栽种期。值得注意的是，一部分春季栽种的球根植物并不耐旱。对于此类植物，应该参照标签上的注意事项进行特殊处理。

树木

Trees

花园里的树木往往能够让我们感到踏实和安心。只要用心设计和打理，即使是狭小的花园也可能拥有葱郁的大树。但是，移植树木会比直接栽种困难很多，所以最好在首次栽种前就做好万全的准备，尽量避免种好之后再移植。

打理的关键

树木同花草不同，不需要过多的打理和呵护。只要在夏天，将长得过快的树木枝叶稍作修剪便好了。但如果想要修剪大型枝叶，则最好选择落叶之后到次年春天来临之前这个时间段。在修剪的时候，应该以不影响树木生长方向的树枝及交缠在一起的树枝为主要目标。此外，良好的通风能够有效地预防病菌和虫害。一旦发现树木感染了病菌或滋生了害虫，应该尽快除虫避害，将问题各个击破。

挑选方法

小树苗一般被放在塑料软盆或花盆中售卖，而大树苗则一般被放在麻布袋中售卖。不管是哪一种，遇到根部裸露在外的树苗，都请谨慎购买。因为在裸露的情况下，树苗的根茎很可能会有伤痕。我们应该优先选择根部强健、细长的根须甚至已经延伸到包装袋边缘的树苗。在检查完根茎之后，建议再全方位地观察树苗的枝叶是否茂密，树形是否同自家花园相搭配。

树木的栽种方法

STEP 1

在挖树坑之前，先观察根钵*的大小。确认好大小之后，挖出一个能将其完全容纳的、深约10 cm的树坑，再在树坑周围撒上足够的堆肥。

STEP 2

将树根呈包裹状的树苗栽入挖好的树坑中，并使其保持直立状态。向树坑中埋入充分混合堆肥的土壤，直至树苗的根钵被完全覆盖。

STEP 3

从四周给树苗浇水，需注意不要让水直接冲刷到根钵。我们把这一操作称为"浇灌连根水"。

STEP 4

为了让水分和土粒填充根钵间的空隙，以充分地将根钵包裹起来，需要全方位地给根钵处浇水。

STEP 5

用剩下的土壤给树苗打造一个蓄水堤（水钵）。

STEP 6

覆盖泥土。

* 根钵：植物的根茎及粘在其表面的土壤。

园艺日历　春—夏

Gardening calender / Spring-Summer

3月	4月	5月

播种春播花草

芽插花草

移植 / 分株宿根植物

给宿根植物追肥

修剪落叶树

栽种 / 移植落叶树

扦插树木

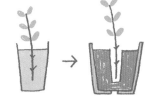

栽种春栽球根植物

修剪常绿树

栽种春栽球根植物

采取病虫害对策

玫瑰　栽种新苗

玫瑰　打芽

玫瑰　花谢后的修剪

玫瑰　处理新芽

春季和夏季是植物旺盛生长的最佳季节。在这两个季节里，园艺者们不得不化身为忙碌的小蜜蜂，辛勤地播种、栽苗、施肥和打理各种花花草草。当然，还必须想办法对抗潮湿的梅雨季和酷热的夏日。在这两个特殊时期里，浇水的次数和时间点也都有讲究。

6月	7月	8月

给多年生草本植物剪枝

扦插树木

栽种夏栽球根植物

给一年生草本植物追肥

将夏栽 / 秋栽球根植物从土中挖出

给树木追肥

采取梅雨对策

采取酷暑对策

除草

玫瑰　花季过后施肥

玫瑰　扦插（绿枝）

玫瑰　夏季剪枝

玫瑰　夏季追肥

园艺日历　秋—冬

Gardening calender / Fall - Winter

9月	10月	11月

播种秋播花草

栽种秋栽球根植物

扦插树木

将春栽球根植物从土中挖出

栽种 / 分株宿根植物

采取防寒对策

采取处理病菌和害虫的措施

玫瑰　花谢后的修剪

处理新芽

天气转凉之后，我们就需要为来年春天的园艺工作忙碌了。欣赏完红叶，要及时修剪树木的枝叶。虽然清扫落叶是一项麻烦的工作，但是浪漫的风物诗不也年复一年地割舍不下对它的偏爱吗？

12月	1月	2月

移栽 / 分株宿根植物

修剪落叶树

栽种 / 移栽落叶树

扦插树木

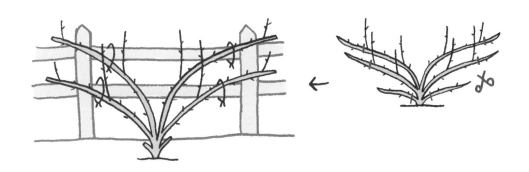

玫瑰　栽种大型花苗

玫瑰　进行冬季修剪、牵引攀援性玫瑰

玫瑰　施用冬肥

玫瑰　扦插花枝（休眠枝）

植物的繁殖方法

How to increase plants

我们时常希望自己的花园可以被大量植物拥抱，但考虑到成本问题，这一愿望可能难以实现。在这种情况下，或许我们可以挑战种植一些易于繁殖的植物，用分球和分株等方法让其大量繁殖，来装点花园。当然，作为园艺者也一定能够从这个过程中体会到很多快乐。

枝插

从含义上来说等同于芽插。枝插是指将一般枝条插入土中，待其自行生长为一棵独立的树，实现同芽插同样的繁殖效果。

STEP 1

从母株上剪下 2~3 根既不过嫩也不过老的枝条备用。

STEP 2

将待扦插枝条放入植物活性剂中浸泡 30 分钟，再在扦插前涂抹一些生根粉。

STEP 3

在排水性良好的培养土中挖出一个小坑，将枝条插入。

STEP 4

待枝条扎稳根茎，开始稳定地生长之后，再将其整体移植至更有营养的土壤中。

芽插

芽插指将植物带叶的茎剪下一部分插入土中的繁殖方式。操作简单，成功率高。

STEP 1

从母株上剪下一根带有 5~6 片叶子的茎，放入植物活性剂中浸泡一周，让其长根。

STEP 2

将要插入土壤的部分涂抹一些生根粉。

STEP 3

用一次性筷子在花盆表面刨出一个小坑，并迅速地将 STEP 2 中涂抹过生根粉的部分插入土中。

STEP 4

芽插顺利完成。之后在浇水的时候，可以顺便施用一点活性剂。

分株

宿根植物和多年生草本植物每年都会长大很多，会变得很拥挤。为了避免感染病菌或滋生害虫，需要对植物进行移植，也可以同时对其进行分株。

STEP 1

待地上部枯萎之后，沿与地面齐平的高度将其茎叶剪下。再借助铁铲将其地下部分的根株整体挖出。

STEP 2

用剪刀将根株剪开。

STEP 3

用手将根株掰成独立的几块。

STEP 4

将被分开的根株栽种到同以前一样的培养土中，在根完全扎稳之前，需避免暴晒和风雨。

分球

所谓分球，是指将肥大的球根挖出来并将其分离成几块，包括自然分球和人工分球两类。

STEP 1

将铁铲从植物的根部旁边小心地铲入土中，将球根整体挖出。

STEP 2

对子球进行分球操作。

STEP 3

勿用蛮力，细致地将子球掰下。

STEP 4

图中将原来的球根分成三部分。可将它们分别移植到其他地方，或暂时栽到花盆中，待生长稳定后再移植到地面。

病虫害信号

Sign of a pest

植物如果遭遇病虫害侵袭的话，会通过花叶传递一些信号。我们应该警惕病虫害的发展，争取做到早发现、早治疗。因此，应该在浇水等日常园艺工作中，仔细观察植物的生长状况。

请重点注意植物的这些特征

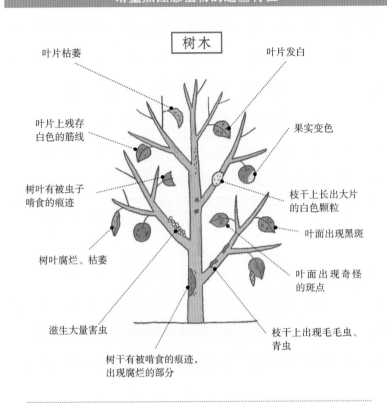

树木

- 叶片枯萎
- 叶片发白
- 叶片上残存白色的筋线
- 果实变色
- 树叶有被虫子啃食的痕迹
- 枝干上长出大片的白色颗粒
- 叶面出现黑斑
- 树叶腐烂、枯萎
- 叶面出现奇怪的斑点
- 滋生大量害虫
- 枝干上出现毛毛虫、青虫
- 树干有被啃食的痕迹，出现腐烂的部分

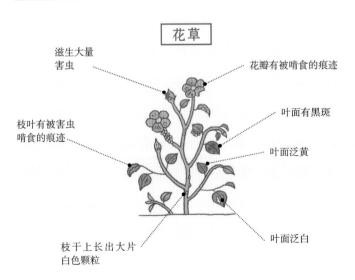

花草

- 滋生大量害虫
- 花瓣有被啃食的痕迹
- 叶面有黑斑
- 枝叶有被害虫啃食的痕迹
- 叶面泛黄
- 叶面泛白
- 枝干上长出大片白色颗粒

不要让病虫害潜入花园和花盆

病虫害总能逮到各种机会潜入花园和花盆。最常见的是藏匿在新苗和土壤中。针对这种情况，我们需要采取一些必要的措施。如在购入新苗和土壤的时候，必须先检查新苗叶子的背面等不容易直接看到的部分，观察其是否生病，是否附着有害虫或奇怪的卵。此外，不要选择那些看起来病快快的，或者已经褪色的苗。

如果我们是在集装箱或花盆中栽种植物的话，为了避免地面的虫子伺机钻入，不能将其直接放置在地面上，而应该用瓷砖等将花器同地面隔离开来。

注意土壤的再利用

在移栽植物的时候，如果想再次利用原来的土壤，需要先确认其是否干净无害。因为栽种过植物的土壤中，或许残留着病菌或害虫的幼虫。如果再用来栽种其他植物，恐怕会有传染的危险。如果是往花园的土壤中移栽植物，工作量会更大。首先，要充分培土，去除土里的植物残根及其他垃圾。接着，往原来的土壤中加入一些新的土壤以改良其品质。最后，让改良后的土壤在充足的日晒下或良好的通风环境中进行一周以上的消毒和净化。当然，如果是往集装箱和花盆里移栽植物，消毒也是不可避免的。我们可以利用热水或强烈的日晒对原来的土壤进行消毒。消毒完成之后，根据具体情况还可以考虑往土中混合一些腐叶土和赤玉土。

在栽种植物的时候，为了避免枝叶间产生过多的混合交错，需要给植物留出较大的株间距。如果无法保证株间距，则应该更加频繁地修剪长得过于繁茂的枝叶。如果发现凋谢、枯萎的花叶，应该及时处理掉。

第一时间处理病虫害

一旦发现植物的某一部分滋生了害虫或者感染了病菌，需要第一时间处理掉。如果发现及时，完全可以在不使用药剂的情况下，拯救一棵植物。在将问题彻底解决之前，要保持足够的耐心。如果植物感染某种病菌，要将其连根拔起，进行彻底的处理。如果情况严重到不得不使用药剂，则应该谨慎选择合适的药剂。值得注意的是，即使是同一种病菌或害虫，不同植物所适用的药剂也会有所差别。此外，还需要考虑喷洒药剂是否会给邻居带来不便。

病虫害对策

Pest measures

这一部分总结了常见病虫害的种类及其症状，并提出了相应的应对措施。

主要的害虫及其应对措施				
虫害名称	频发时期	症状	应对措施	有效的杀虫药剂
小麦蚜虫	春、秋	常大量聚集在植物的新芽、茎叶上吸取汁液。此外，还是传播病菌的昆虫媒介	经常检查植物的根茎及叶子的背面，一旦发现，应立刻清除	GF 内吸式颗粒杀虫剂、MEP 乳剂
介壳虫	全年	呈黑、白粒状，会吸取植物的汁液，危害植物健康	用牙刷等工具将其刷除	安定磷乳剂
毛毛虫、青虫	春—秋	除了会啃食植物的花叶，还可能刺伤人体皮肤	一旦发现即刻捕杀	MEP 乳剂、Benika 水溶剂
蛞蝓	全年	会啃食植物的花叶	一旦发现即刻捕杀。蛞蝓会被酒精吸引，可以在旁边摆放啤酒作为诱捕工具	Metaldehyde 杀虫剂
叶蜱	春—秋	常藏匿在植物叶子的背面吸取汁液。会使植物的叶子变色发白	干燥的环境更容易滋生叶蜱。浇水时不能忽略枝叶背面	Telstar 水溶剂、Benika 水溶剂
夜盗虫	春—秋	会啃食植物的花瓣、花蕾和叶子	在其夜间活跃场所设法将其捕杀	MEP 乳剂、GF 内吸式颗粒杀虫剂

主要的病害及其应对措施				
病害名称	频发时期	症状	应对措施	有效的杀虫药剂
白粉病	春、秋	茎叶处滋生出乌冬粉一般的白色霉菌	保证良好的通风环境。不要过量施用油渣等氮肥	碳酸钾绿、Benomyl
烟煤病	全年	叶子的背面滋生出烟煤一般的黑色霉菌	预防小麦蚜虫和介壳虫等害虫	MEP 乳剂、GF 内吸式颗粒杀虫剂、安定磷乳剂
枯萎病	春—秋	叶子自下而上逐渐枯黄死去	整株拔出处理	Benomyl
软腐病	夏	根部腐烂发臭	优化排水及通风条件。发病后将所使用的土壤全部处理	链霉素液剂（预防）
灰霉病	春—秋	花朵、茎叶处滋生出灰色霉菌	除掉患病部分。注意不要过量施用氮肥	碳酸钾绿、Benomyl
花叶病	春—秋	叶面生出斑点且逐渐萎缩	将发病根株处理掉，驱除并预防传播病菌的昆虫媒介小麦蚜虫	暂无有效药剂

\ 西尾女士的 /

"杂草" 活用法

园艺工作中最麻烦的便是处理杂草了。虽然我们经常把杂草视作眼中钉，但是却有人将其完美地融入自己的花园中，使其成为花园的一处独特景致。接下来让我们一起鉴赏建筑家西尾春美女士家的花园，并从中学习一些同杂草和谐共生的技巧吧。

1 活用自然生长的山间野草

实际上，杂草也有美丽的名字，叫作山间野草。远远望去，有很多野草会开出可爱的花朵。群生的野花野草足以打造出一幅美丽的自然风景。所以，我们不该把它们看作花园景致的破坏者。相反，如果把它们当作山间的野花野草来培育，或许还能够收获别样的美景。

上图中的植物是在花园中自然生长的紫苏科的石松。其紫色的花朵形似堇菜，娇小可爱。

上图中的植物是透骨草科的紫鹭苔。因为其花朵形似鹭而得名。

2 给地面穿一层绿衣

铺满地面的杂草也是极具观赏价值的地被植物，能给光秃秃的地面穿上一件美丽的绿衣。背阴处的杂草也具备旺盛的生命力，易于打理。

上图中的植物是夹竹桃科的长春花。部分长春花耐阴且带有花纹。

上图中的植物是三叶草（豆科，别名白诘草）。三叶草具有极强的繁殖能力，且能够有效地抑制其他杂草的生长。

3 莎草科苔草属植物的利用方法

莎草科苔草属植物常扎根在树木的根部位置，其外形极具观赏性，所以不妨保留下来，待长势过于凶猛的时候再考虑拔除。生长在小坡和台阶上的莎草科苔草属植物不仅具有装饰效果，还能够起到稳定泥土的作用。

上图中的莎草科苔草属植物长着细长的叶子，极具观赏价值。但由于它们是由飞落而来的稻穗种子生长而成，所以在其长成稻穗前应该将其割掉。

4 "落种花园" 和 "苗床"

不知名的种子掉落在花园的背阴死角处，或许也能长出新芽。选取一方土地，将其打造成一块苗床，为暂时用不到的植物幼苗提供一个自由生长的乐园。

将花园的死角打造成一方自由的 "落种花园"。在适者生存的环境中，也会有一些生命力旺盛的植物破土而出，将死角装扮成绿色王国。

可以在苗床上播撒宿根植物的种子，或扦插一些树苗。待其长大后，再将其移栽到花园中。

第 6 章

混栽植物和吊挂植物

混栽植物和吊挂植物对于小型花园而言更具装饰性，并能够作为花园的构成要素之一，发挥重要的作用。接下来将介绍一些园艺达人的秘诀，帮助大家更轻松地享受打造混栽植物和吊挂植物的乐趣。

同花园相辅相成的混栽植物和吊挂植物

混栽树木，打造小树林

混栽树木能够带给我们无限的快乐。如果选择混栽落叶树的话，就能够打造出一片小小的杂树林，以供我们品味春季的新绿，夏季的树阴及秋季的红叶。栽种在大号花盆里的树苗会逐渐长大，待其长大后，花盆的移动就会成为一个难题。为了避免这个问题的出现，最好一开始就把花盆放在带轮子的花盆架上。当台风等恶劣天气来临时，就能够相对轻松地移动花盆了。

▲ 主要植物

小蜡、荚蒾、油橄榄、银叶槐树、蓝桉、西洋牡荆

彩饰楼梯和墙壁

楼梯如果不加以装饰的话，就会显得单调。殊不知，楼梯才是盆栽植物的绝佳展示场所。爬楼梯原本是一件无聊又辛苦的事情，但在美丽的混栽植物的陪伴下，这一过程也变得有趣多了。因为此处不方便安装挂件来悬挂吊挂植物，只能借助楼梯间的高低落差感，来塑造整体景致的立体感。

▲ 主要植物

圣诞玫瑰、焦糖色矾根、黄水枝、芝麻菜、浙贝母

园艺达人们打造的混栽植物和吊挂植物总是能完美地融入花园的整体景致中。
让我们一起来学习具体的打造方法吧。

作业空间也能够被用作装饰场所

我们可以用混栽植物和吊挂植物来装饰园艺工作间。这个案例中的园艺工作间里原本容易滋生杂草，但在混栽植物和吊挂植物的装饰下，变得赏心悦目，园艺者也变得更乐意去完成园艺工作后的一系列收纳工作。并排摆放的盆栽里的花草基本都是枝插、芽插而来。待其生长稳定之后，可以将其同其他植物混栽或移栽到吊篮里，打造成吊挂植物。

花田般的彩叶世界

这个花园的一角汇集了大量的混栽植物和吊挂植物。这一角在各色彩叶植物的组合装饰下，俨然变成了一亩花田，呈现出一派无花胜有花的美丽光景。挂在木质栅栏上的吊篮赋予植物立体感。伴随着季节的推移，有的位置条件可能会变差，在这种时候，只需要把花盆移动到条件更好的地方就行了，灵活性强。

◄ 主要植物 ❯

摩洛哥雏菊、铺地百里香、三色堇（黑色）、圣诞玫瑰、轮叶景天、混栽型多肉植物

◄ 主要植物 ❯

厄尔尼诺玉簪、火山岛玉簪、惠利氏黄水枝、矾根'紫色宫殿'、圣诞玫瑰、铁线莲等

搭配不同花语的花草

有一些植物不会开出美艳的花朵，但它的花语却趣味十足。
让我们学习一下怎样混栽这些自然感十足的植物吧。

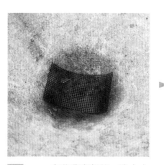

1 在花盆底部垫一张大小适中的滤网。

2 在花盆底部放上适量的垫底石（轻石）。

3 向花盆内倒入培养土。不要让土占满花盆内部的全部空间。这里使用的是用于栽种草花及球根植物的培养土。

4 在栽种之前，可以先将塑料软盆整体放到土壤上来确认栽种位置。

5 可以将茎较高的植物栽种到花盆的后方，而在其前方搭配一些垂吊植物。

6 将栽种在花盆后方的花苗从塑料软盆中取出并轻放于土壤之上，再小心地将其栽入土中。埋土的时候顺便将其表面轻轻地压平。

7 从塑料软盆中取出花苗的时候，应注意不要损伤其根部。

8 栽种完之后，用多余的土壤填满植物间的缝隙，再大量地浇水。

9 给花苗的根部施加化肥。为了促进枝叶繁茂地生长，让植物绽放美丽的花朵，我们大量地施加了富含氮及磷的肥料。

10 在土壤表面铺上苔藓。

11 用指尖轻轻按压苔藓。

12 再次大量浇水。

① 三叶绣线菊

② 黑花老鹳草

③ 惠利氏黄水枝

④ 天竺葵

⑤ 山绣球

⑥ 绣球绣线菊

⑦ 风知草

⑧ 野火球

⑨ 巧克力波斯菊

⑩ 斑叶木通

请提前
准备好

花苗、花盆、花盆底滤网、花盆垫
底石、培养土、苔藓

By Misae akachi

以多年生草本植物为中心的混栽植物，生命周期较长。

首次混栽植物，请选择培养土

混栽入各种植物的盆栽就像是森林的一个小小缩影，更适合被放置在充满野趣的花园中。如果你是新手，建议在栽种混栽植物的时候，尽量选择市面上的培养土。但是，虽然培养土中已经添加了一些肥料，但是为了保证充足的养分，建议再适当地补充一些化肥（关于化肥的相关说明，请参考本书 P.110）。此外，如果是从塑料软盆中取出的花苗，还建议将其肩部及根部分开栽种。不过，若处于花期、临近夏季生长旺季或属于根部有伤的情况，请将植物整体栽入培养土中。

搭配香草植物

让我们尝试着混栽一些香草植物，享受味觉和视觉的双重乐趣吧。

1 由于会用到一些茎较高的植物，所以在正式往花盆里倒入土壤之前，最好先进行一个简单的模拟实验。

2 在花盆底部垫一张滤网。

3 在花盆底部放上适量的垫底石。

4 倒入半盆左右的培养土。

5 按照茎的高低，依次将花苗栽入土中，首先栽种芝麻菜。尽量不要碰到植物的根茎，轻轻地将其肩部位置的泥土去掉。

6 将芝麻菜栽种到花盆的一角。

7 为了固定住细长的芝麻菜苗，可以将剩余的培养土轻轻地盖住它的根。

8 将高高的玻璃苣栽入花盆里。

9 依次种上紫红罗勒和甜薰衣草。高茎植物栽种完毕之后，盖上培养土。

10 在高茎植物的周边栽种一些较为矮小的植物。荷兰芹的根茎错综复杂，在栽入土里之前需要稍微打理一下。

11 将荷兰芹种到甜薰衣草的旁边。紧接着再栽种其他植物，将裸露的土壤覆盖起来。

12 盖上培养土，大量浇水。

By Misae akachi

① 芝麻菜
② 细叶芹
③ 细香葱
④ 紫红罗勒
⑤ 甜薰衣草
⑥ 荷兰芹
⑦ 玻璃苣
⑧ 芥菜
⑨ 甜罗勒

请提前准备好

花苗、花盆、花盆底滤网、花盆垫底石、培养土

这些花也能够作为沙拉食用。

吃完亦能再生

　　笔直向上生长的芝麻菜成为这个混栽盆栽的一大亮点。玻璃苣长着大大的叶子，稳固了这个盆栽的侧面。在一片绿叶中，紫红罗勒像是司令一般，将盆内所有的植物团结在了一起。各式各样的叶子覆盖在高高的香草植物的周边，和谐又美观。更令人激动的是，这些植物都是可食用的。将其叶子摘下食用后，它们又能够长出新的叶子。吃完亦能再生，在满足味蕾的同时，也给我们的眼睛带来清新自然的享受。

搭配蔬菜

混栽蔬菜同样可以打造出一个美丽的盆栽。盆栽里的蔬菜伸手可得，比家庭菜园更加方便。

1　在向花盆里倒入培养土之前，先大致构思一下花苗的搭配方案。构思好之后，在盆底垫上一张滤网。

2　在花盆底部放上适量的垫底石（轻石）。

3　向花盆内倒入适量的培养土，培养土没过花盆的三分之一即可。

4　拆散西洋芹的根。

5　把西洋芹栽种到花盆的中心位置。

6　将牛至、芝麻菜依次栽种到西洋芹的周围。栽种之前，无须拆散它们的根。

7　在花盆的一角种上巧克力波斯菊。

8　种上薰衣草和芥菜。

9　种上甜罗勒，再轻压土壤以巩固植物的根茎。

By Misae akachi

巧克力波斯菊的加入，给混栽的蔬菜带来了动感。

请提前
准备好

花苗、花盆、花盆底滤网、花盆垫底石、
培养土

① 芝麻菜
② 芥菜
③ 西洋芹
④ 牛至
⑤ 巧克力波斯菊
⑥ 薰衣草
⑦ 甜罗勒

巧克力波斯菊在层层绿意中散发着迷人魅力

上图是以西洋芹为主的一个混栽蔬菜盆栽。蔬菜颜色整体偏绿，而白色和浅绿色的牛至的存在却带来一点不一样的感觉。此外，芝麻菜的白色花朵也成为一大亮点。蓝色的薰衣草搭配着浓绿色的芥菜，西洋芹、甜罗勒和牛至的叶子颜色也依次呈渐变的绿色。这样搭配，极具层次感，显得和谐统一。巧克力波斯菊长着细长的花茎，花茎顶端的小花和花蕾都给人轻松愉快之感。这个盆栽就像是一个小型菜园。

搭配山间野花野草

这个混栽盆栽的存在，让我们足不出户便可尽享山间红叶之美。混栽盆栽就是一个小型的花园，包含着四季。

1 剪取一截长约 8 cm 的盆栽用铁丝，并将其弯曲成 U 字形。如上图所示，将 U 字形铁丝穿过滤网。

背面

2 将铁丝穿过花盆盆底的小洞，在花盆的背面将穿出的铁丝弯曲成 U 字形固定起来。将滤网分别固定在花盆盆底的小洞之上。

3 将要使用的野漆树苗小心地剪下。

4 在尽量不要碰到野漆树根茎的前提下，轻轻地将其根部的泥土剥下。

5 按照相同的方法，分别处理其他的花苗。

6 向花盆内倒入少量培养土，按照茎高顺序，由高至低依次将花苗栽入土中。

7 在栽苗的同时，一点点地向盆内添加培养土。

8 将低茎植物栽种到高茎植物的旁边。

9 栽完所有的花苗之后，将苔藓铺在裸露的土壤表面，并大量浇水。

By Koji Kusunoki

① 野漆树
② 龙胆
③ 水黄连
④ 紫萼
⑤ 姬蓼
⑥ 千岛薤

请提前准备好

花苗、花盆、花盆底滤网、盆栽用铁丝、培养土、苔藓

野漆树红色的叶子衬托出龙胆的蓝花黄叶。

一边想象来年的样子，一边爱护眼前的花盆

这个盆栽里栽满了充满季节感的野花野草。野漆树的红叶搭配着龙胆的黄叶，形成美妙的色差。在这些高茎植物的下方还隐藏着一些较为低矮的植物，到了秋天它们会开出各色可爱的小花，美化环境的同时，也保护着高茎植物的根茎。铺在土壤表面的苔藓一方面能够防止干燥，另一方面也给环境增添了别样的情趣。虽然花无百日红、终会走向凋谢，但是只要管理得当，一年后如此美好的光景就还能够再现。关于管理，需要注意以下两点：第一，即使是冬天也应该适量浇水；第二，对于下霜的区域，应该及时除霜。

搭配球根植物

球根植物在栽入土中的时候还没有开花，可以一边想象其开花的样子一边进行栽种。

1　向培养土中混合添加入防根腐材料、防虫剂、熏炭及化肥。

2　在花盆（此处我们选用了一个瓷制面盆）盆底垫上一张滤网。

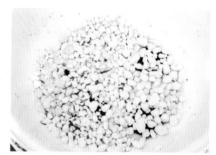

3　在花盆盆底铺上垫底石，再将混合后的土壤倒入盆内。

4　把茎最高的带斑光蜡树种到花盆的后方位置。

5　将圣诞玫瑰、大戟属植物种到光蜡树的旁边。

6　种上巧克力波斯菊，并将其他低茎植物种到其前方位置。

7　将球根植物种到花盆的最前方。先将大球根栽入土中盖上泥土，再在其上方放入小球根。

8　在栽种了球根植物的泥土表面种上黑色三叶草。

9　在花盆的正前方依次种上三色堇和紫甘蓝。最后，大量地浇上兑好植物活性剂的水。

① 带斑光蜡树
② 大戟属 '黑鸟'
③ 石菖蒲
④ 紫叶风箱果
⑤ 矾根
⑥ 白雪木
⑦ 三色堇
⑧ 紫甘蓝
⑨ 黑色三叶草
⑩ 细叶马缨丹
⑪ 大戟属 '银天鹅'
⑫ 红钱木
⑬ 圣诞玫瑰
⑭ 巧克力波斯菊
⑮ 皱叶泽兰 '巧克力'
⑯ 西伯利亚蓝钟花（球根）
⑰ 葡萄风信子 '白色魔力'（球根）
⑱ 吊钟草（球根）

请提前
准备好

　花苗、球根、花盆、花盆底滤网、
花盆垫底石、培养土、防根腐药剂、防
虫剂、熏炭、化肥、植物活性剂

长在各种观叶植物中的零星小花。

一边想象植物开花的样子一边细心栽种

　　通常认为，球根植物很难同其他植物混栽在一起。的确，在栽种球根植物的时候，或许很难想象其开花时候的样子。但是，待到花期到来，超乎预想的收获能够带来很大的惊喜。其实这一点不仅适用于球根植物，我们也可以提前设想一下混栽在一起的其他植物的长势。由于这里是将各种植物混栽在近山阳台，所以只需在培养土中加入适量化肥即可。

混栽植物

6

搭配多肉植物

培育多肉植物不会耗费过多的精力。它们造型独特，富有个性。我们不妨尝试着来混栽多肉植物吧。

1　在花盆底垫入 3~5 cm 厚的垫底石。

2　向培养土中加入适量鹿沼土或珠光体，再加入一些防根腐药剂，让其充分混合。

3　向花盆内倒入混合后的土壤，留出三成的空隙即可。

4　去除粘在丝苇属植物上的泥土。

5　用新鲜的水苔藓缠绕住丝苇属植物的根，用较粗的铁丝自上而下将其固定。

6　缠得很紧也没关系。

7　缠绕完成后直接放入花盆中。之所以这么做，是当其根部受伤的时候，可以将其整体拔出。

8　按照同样的方法依次将其他多肉植物种入花盆中。然后再种上作为点缀的黑麦冬。

9　用施加过发根剂的水苔藓缠绕住白霜的根，再将其种到花盆里。

10　继续栽种其他多肉植物，最后将垂吊型多肉植物绿之铃种入花盆中。在栽种之前，直接向其根部施加发根剂。

11　在必要的情况下可进行分株，分株的部位也要施加发根剂。

12　将细铁丝弯曲成 U 字形，扣在绿之铃之上，在其余的空隙处塞满水苔藓。

By Mitsuko Takuma

① 丝苇属‘若紫’

② 白霜

③ 月兔耳

④ 绿之铃

⑤ 拟石莲花属多肉植物

⑥ 黑麦冬

⑦ 万年草白覆轮

⑧ 若绿

⑨ 雅乐之舞

⑩ 福娘

⑪ 火祭

请提前准备好

花苗、花盆、花盆垫底石、培养土、鹿沼土或珠光体、水苔藓、发根剂、防根腐药剂、铁丝（粗、细）

圆乎乎的多肉植物搭配着直溜溜的多肉植物，赋予这盆盆栽以律动感。

形状和颜色多样的多肉植物汇集一堂

这盆盆栽的主人特意选用了一个略深的花盆。配合着花盆的高度，栽种了一些向前垂吊的多肉植物。由于混栽了各种形状的多肉植物，一次性带给我们充足的视觉享受。在一众绿意间，黑麦冬显得非常醒目。混栽多肉植物非常简单，即使不特意进行搭配和造型，直接将它们种到花盆内也无妨。不过，如果使用适量发根剂，或使用水苔藓来缠绕植物的根茎，就能够使得多肉植物看起来愈发生机勃勃。栽种多肉植物切忌过量浇水。只需要在土面较干的时候，浇入适量的水，待有水从盆底流出的时候需立即停止浇水。

混栽植物应对生长环境有相同喜好

虽然我们在选择植物的时候更倾向于按照外形来进行选择，但是如果所选植物对生长环境有不同要求，后续的培育及打理工作就会遇到很多麻烦。

喜阳植物

大部分开花植物对于日照都有一定的要求。如果日照不足的话，绽放的花朵数量将会相应减少。尤其在花期，植物都希望能够尽情地享受阳光。但是，如果在这样的喜阳植物中混入喜阴植物的话，它就会在阳光的照耀下逐渐枯萎，从而影响混栽植物的整体美观。因此，在混栽植物的时候，必须考虑到植物对于阳光的承受能力，将喜阳植物搭配到一起。

抗拒强烈日晒的植物

我们将喜欢微弱日晒的植物，晒半天的太阳就足矣的植物及完全不能接受日晒的植物都统称为抗拒强烈日晒的植物。虽然可以通过移动花盆来调整植物的生长环境，但是如果花盆中混栽的植物特性差异过大，这个办法也无法挽救它们。因此，在买入花苗前，就应该充分调查好其对于日照的要求。

喜欢潮湿环境的植物

潮湿的地方往往容易遭人嫌弃，但是一部分喜欢潮湿环境的植物却能够在这样的环境下茁壮地生长，甚至将这样的地方装扮成一处美丽的绿色空间。背阴处往往给人以潮湿的印象，但其实不尽然。通风条件较好的背阴处也可能是较为干燥的环境。因此，在放置花盆之前，我们需要全面考察具体环境。

喜欢干燥环境的植物

在给同一个花盆里的植物浇水的时候，几乎不可能做到厚此薄彼。但是，有的植物喜欢干燥环境，在过多水分的浸润下，其根部会腐烂。在这种情况下，使用的土壤的性质也会变得迥然不同。因此，应该避免将喜欢潮湿环境的植物同喜欢干燥环境的植物混栽在一起。

实际操作前，先进行外观设计

如果想要完美地统一混栽植物的风格，就需要在正式混栽之前，先进行部分外观设计。

By Mitsuko Takuma

浑然一体

均等地搭配花苗，
以使盆栽的整体外观看起来浑圆而茂盛

小花小草生长茂盛，堆在一起看起来像一个圆乎乎的小球，非常可爱。为了平衡花盆里各种植物的大小，栽种花苗的时候就需要有计划地将其均等地栽种在花盆的中央和边角位置。圆形和椭圆形的花盆更容易同植物相配合，打造出浑然一体的造型。

By Tomomi Horikoshi

打造高低落差感

纵向线条凸显出
生动的韵律感

同一个花盆里的花草有高有低，高茎植物勾勒出纵向的线条，一方面让我们感觉到生动的韵律感，另一方面也让我们感动于植物们向阳而生的果敢和毅力。这样的盆栽打理起来非常简单，还能完美地凸显植物顽强不屈的力量。

By Mitsuko Takuma

关注花盆外壁

花盆外壁是画布的一部分，
让我们尽情享受一幅植物彩绘吧

花盆外壁也属于画布的一部分。有的盆栽忽略了花盆外壁的设计，仅在其上部空间里打造绚丽的花花草草。但是，同这样的花盆相比，富于设计感的花盆外壁却能够提供锦上添花般的跃动感。越高的花盆，其可供打造的外壁空间也越大。可以选择栽种一些垂吊型植物，利用它们垂吊而下的美丽装扮花盆的外壁，利用它们的伸展能力来描绘一幅植物彩绘。

考虑色彩搭配

在习惯某些花叶的色彩搭配之后，我们会想要追求一些有别出心裁的、新鲜的色彩搭配。那就按照一些搭配理论来试试看吧。

搭配撞色植物

By Tomomi Horikoshi

想要尝试亮色植物的时候，我们建议搭配一些颜色反差较大的植物。例如红配绿，黄配紫等。这样的色彩搭配具有冲击感，却也显得张弛有度。但是，在搭配的时候也应该注意分寸和比例。可以先选定其中的一个颜色为主色，其余的颜色作为配色而存在，切忌喧宾夺主。

搭配同色系植物

By Tomomi Horikoshi

想打造单色盆栽，却觉得索然无味？想打造撞色盆栽却对自己的搭配能力不太自信？在这种情况下，我们建议选用同色系的植物。这里所谓的同色系，不单单是指同色系的花，实际上还指能够选择同色系的草叶来进行搭配。这样的搭配能够营造出一种和谐舒适的感觉，且几乎不会失败。

搭配白花

By Mitsuko Takuma

用少量白花作为点缀

少量白花能够较好地点缀一盆混栽盆栽，也能够完美地衬托出绿植的清新。如果只想白色作为点缀性的颜色而存在的话，可以想办法控制使用量。例如，搭配栽种一些长着白色小花的植物，或者混栽一些叶面带有白色斑纹的植物等。

By Mitsuko Takuma

让白色成为主色

白色是连接其余各种颜色的桥梁。如果扩大白色的占比，盆栽整体的清新感将会有所提高，盆栽里其他不够精致的花草也不会再显得那么碍眼了。以白色为主色的盆栽也能够显得魅力十足。

4 搭配彩叶植物

最近，彩叶植物的种类剧增，其中也不乏一些能同鲜花媲美的品种。
通过巧妙的搭配，彩叶植物也能够回馈我们意想不到的美丽。

让叶色和花纹成为亮点

By Mitsuko Takuma

彩叶植物的颜色和花纹越发趋于多样化。它们有的会让我们眼前一亮，有的则美到让我们根本挪不开视线。在混栽的时候，即使我们放弃所有的鲜花而全部使用彩叶植物，也足以搭配出一个华丽的盆栽。

打造律动感

By Mitsuko Takuma

左图中的彩叶植物凭借清晰的线条感及浓厚的色彩感，赋予盆栽景致十足的律动感。如果在混栽植物的时候觉得盆栽景致缺乏协调性的话，不妨向盆内栽入一株这样的彩叶植物。仅仅凭借一株这样的彩叶植物，就能够立刻打造出一幅和谐统一的画面。

各色各样的彩叶植物

矾根'莱姆里基'

栗褐苔草

薜荔

白妙菊

带斑长春草

绿苋草

锦紫苏

锦紫苏

日常的打理工作

花盆限定了植物的生长空间，为了让它们能够在狭小的空间里更苗壮地生长，我们应该更加细致地呵护它们。在日常的打理工作中，还应该注意观察花盆内的健康状况。

摘除凋谢的花朵

花谢之后便会开始结果。果实会抢夺其他花朵的养分，并极易患病或滋生各种害虫。为了避免这种情况，应该及时地用手或剪刀将凋谢的花朵摘除。

剪枝

要及时地用剪刀修剪长势过旺的植物茎叶。只要保留几个茎上的节，植物就还会继续旺盛地生长。

移动花盆

在暴风雨和烈日来临之前，或者在下霜之前，要将花盆移到相对安全的位置。给大花盆安上滑轮，会更便于移动。

施肥／采取措施应对病虫害

为了帮助植物开出更多的花朵，应该在其开花前及开花后的 7~10 天里各施加一次液体肥料。具体的操作方法同日常浇水一样，只需将充分稀释后的肥料浇到植物身上和土里便好。

应该在发现病虫害的第一时间做出处理。只要发现得及时，剪掉患病处或清除掉害虫就可以。但是，如果发现得较晚的话，就不得不处理受害部位并借用相应的药剂了。

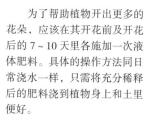

6 | 改造花盆

我们可以通过栽种不同的一年生草本植物来改造花盆。

小型改造

Before

After

By Mitsuko Takuma

1　在夏季，矮牵牛花一直作为盆栽的主角而存在。待其枯萎之后，需将其从花盆中拔出，并清除掉残留在土里的根茎。

2　往拔掉矮牵牛花之后的土坑里，以及留在花盆里的其他植物的根部施加化肥。

3　在土坑里撒上防虫剂。

4　往土坑里施加防根腐药剂，并将土坑里的泥土同周边的泥土充分混合。

5　在原来栽种矮牵牛花的地方重新种上银叶菊和三色堇。首先种上银叶菊。

6　再种上三色堇。

7　在新栽入的植物上覆盖泥土。

8　修剪长势过旺的野芝麻，修剪下来的枝条可用于芽插，新长出的野芝麻可以用于下一个混栽盆栽。

Before

After

By Mitsuko Takuma

1　　即使是宿根植物，多年后也很容易走向枯萎。所以，一旦我们观察到其长势明显变弱之后，就应该将其整体进行一次解体。先将花盆中所有的植物全部挖出。

2　　用园艺手叉将不同的植物分离开。

3　　再次使用长大后的穗花婆婆纳。为了让其尽早发出新芽，在栽种前需要剪除其大部分根叶。

4　　将以前的宿根植物种到右边的旧花盆中。而将新植全部种到左边的篮子里。

5　　将培养土倒入花盆中，按照植物的茎高，由高到低地将植物种到土中。

6　　再种上一些色彩明亮的彩叶植物，可以使人眼前一亮。

7　　给植物的根茎涂抹发根促进剂。

8　　在冬季，帚石南将发挥主要作用。如果在栽种帚石南之前发现其根茎呈紧密缠绕状，则应该及时利用植物活性剂，适当地进行修剪。

9　　最后栽入垂吊型的常春藤。再给植物之间的空隙盖上泥土。

花盆的加入改变了花园给人的整体感觉

即使是相同的植物，用不同的花盆栽种也能够打造出风格完全不同的景致。
让我们来发现有趣的花盆，打造别样的美景吧。

SELECTION

原本我们很难将旧物同花盆联系起来。但是，在巧妙的搭配下，这些旧物都能够变身成为无与伦比的创意花盆。

第一排图中的花盆从左往右依次是由以下旧物打造而成：淘米篓 / 复古式空罐 / 旧铜锅 / 旧铁皮水桶 / 旧保健室面盆及支架台，第二排图中的花盆从左往右依次是由以下旧物打造而成：柄勺 / 废旧木材 / 复古式竹篓。

LET'S TRY!

在打造创意花盆的时候，可以利用起身边所有能够利用的东西。还可以凭借自己的品位与喜好来营造自己喜欢的各种园艺氛围。

在空罐的底部凿几个小孔

准备好空罐、钉子、铁锤等工具。

将钉子的尖头抵在罐底，用铁锤敲击钉子以凿出小孔。

重复上述操作，在罐底凿出多个小孔。

给花盆刷漆

准备好塑料花盆、工作手套、油漆、刷子等工具。

按一定的顺序在花盆的底部及侧面刷上油漆。

刷油漆时，花盆内侧不被泥土遮盖的部分也不容忽视。如果再用砂纸擦拭花盆外侧，就能使花盆具有年代感。

将花苗插入带缝隙的花篮

我们可以将明艳美丽的花苗插入带缝隙的花篮里，
用五彩缤纷的美丽装饰季节。

1 按照插入花篮里的顺序摆放各种花苗，提前鉴赏一下成品的效果是否令人满意。

2 在花篮底垫入高约 3 cm 的垫底石，再用培养土填满花篮里的剩余空间。

3 将花苗从塑料软盆中取出，并将其肩部及根茎的下部从土中拆解而出，细化至三分之一的宽度。

4 为了确定重心，要用手抓住正中间的两格花篮板再向内插苗。

5 将花苗插入最底层。

6 按照相同的方法，向旁边的缝隙中插入别的花苗。无论左边或右边，选择相对好插入的地方插入花苗即可。

7 这样，最下层的花苗已经全部插好了。

8 在这一层的花苗上全方位地盖上泥土。

9 如图，第二层的花苗已经全部插好了。花篮整体看起来越来越浑圆可爱。

10 在第二层的花苗上盖上泥土。此时，花篮内部几乎已经被泥土完全覆盖住。

11 为了完成一个圆鼓鼓的混栽花球，仍需要细致地插入第三层（顶层）花苗。从远处观察其外形并不断地加以调整。调整好之后，覆盖泥土。

12 将浸过水的水苔藓轻轻地拧干，再将其铺在顶部花苗的表面。

By Atsuko Takahashi

① 锦紫苏（绿色）

② 京红久金银花

③ 长春花

④ 锦紫苏（黑色）

⑤ 金毛菊

⑥ 矮牵牛花

请提前准备好

花苗、带缝隙的花篮、花盆垫底石、培养土、水苔藓、发根剂、放置花篮的台面

这样的色彩搭配彰显了植物的生机与活力。彩叶植物也起到较好的点缀作用。

在插入花苗前，需要提前确认其朝向

如果我们想要打造一个圆鼓鼓的混栽花球，可以考虑借助一个带缝隙的花篮。在往带缝隙的花篮里插入植物前，首先需要在其内侧贴上一大块海绵以防止花篮里的泥土洒落。其次，需要充分考虑好植物间的搭配。之所以需要这么做，是因为花盆里的植物层层重叠的，一旦打造完毕就很难进行修正了。在向花篮的缝隙里插入花苗时，需要在考虑其朝向的基础上，一层层地将其环绕着花篮插入。打造完花篮的 7 ~ 10 天之后，应该就能够看到花篮里的花竞相向上生长的美好和谐的画面了。

打造壁挂花篮

我们可以试着将花苗栽种到半圆形的壁挂式花篮中。
在栽种的时候，请注意控制花篮的整体重量。

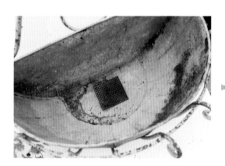

1　将滤网垫在花盆盆底。

2　向花盆内倒入 3 cm 左右的珠光体。

3　将添加有蛭石、泥炭苔、防根腐药剂、防虫剂、腐叶土及堆肥的土壤倒入花盆中。确保土量能够没过花苗的根茎。

4　将高茎植物栽种在花盆的后方位置。

5　种上作为点缀的三色堇。

6　慢慢地铺上泥土，再在地面轻叩花篮以平整土面。

7　将色彩明亮的京红久金银花种到盆中。

8　继续铺土。狭小的部分可以借用一次性筷子来将泥土压入。

9　用水苔藓来遮盖裸露的土面。

By Mitsuko Takuma

花叶好像快要从花盆里流出来似的。如此的律动感，着实让人赏心悦目。

请提前
准备好

花苗、花盆、盆底滤网、珠光体、蛭石、泥炭苔、
防根腐药剂、防虫剂、腐叶土、堆肥、水苔藓

① 永久花
② 茜草
③ 三色堇
④ 活血丹属植物
⑤ 京红久金银花
⑥ 洋常春藤
⑦ 杏茶褐色堇
⑧ 小花三色堇
⑨ 秋叶果

用同环境相匹配的植物和花盆将自己的梦想花园具象化

花盆外侧的细长铁丝搭配着植物的枝丫与藤蔓，在白色的木质栅栏的衬托下，显得和谐而充满生机。在打造吊篮的时候，必须考虑到所选的花盆和植物是否同环境相匹配。如果想要打造一个壁挂花篮，首先应该考虑的是其整体重量。除了使用市面上常见的园艺培养土，还可以选择使用泥炭苔或蛭石等轻质土壤。此外，可以配合家中的日照情况时不时地改变其吊挂的位置。最后，在浇水的时候，可以将其整体浸入装有水的大型容器中，以使其充分地吸收水分。

吊挂式花盆及花苗

让我们来了解一下哪些花盆和花苗适合用来吊挂吧。

花篮

缝隙式花篮

这样的花篮由于其侧面有很多细长型缝隙，我们可以在缝隙中插入各种花苗，使其自然向下生长，从而打造出一个浑圆可爱的花球。为了防止泥土从缝隙中洒落而出，在倒入泥土前应该先在花篮内部贴上海绵。

无缝式花篮

我们还可以利用身边这样的器具来打造吊挂式花篮。为了方便吊挂，带有吊挂小孔或网格的花篮也是不错的选择。上图中的花篮中垫了一层椰子纤维，用来防止篮中的泥土外漏。

花苗

实现根部"瘦身"的方法

 ►  ►  ►

在栽种花苗的时候，有时需要先梳理其根茎，处理掉一部分根部固定的原土以实现根部的"瘦身"。这一点对于缝隙式花篮来说尤为适用。为了不给根茎造成伤害，需要用拍打等方式慢慢地去土。待根部完成"瘦身"之后再进行栽种。

花苗的配置方法

让我们来考虑一下怎样给吊挂式花篮配置花苗吧。

**最上层的植物应发挥
覆盖作用**

在配置花苗的时候，我们
应该给最上层选择一些"盖子
植物"。所谓"盖子植物"，是
指那些花茎不会向上长得太高
的植物。

提前考虑好花苗的配置

当我们想要利用缝隙式花
篮的时候，需要提前考虑好
花苗的配置。因为一旦打造完
成，将很难进行任何修正。

拒绝深栽

深栽会导致植物很难发出
新芽，甚至会导致植物枯死。

在最下层配置垂吊型植物

为了将花盆隐藏起来，我
们可以在最下层栽种一些垂吊
型植物。

第3层	第3层	金毛菊、长春花、京红久金银花、矮牵牛花、锦紫苏（绿色）
第2层	第2层	锦紫苏（绿色）、矮牵牛花、金毛菊、锦紫苏（黑色）
第1层	第1层	金毛菊、长春花、锦紫苏（绿色）、矮牵牛花

吊挂植物推荐

有很多植物都很适合被打造为吊挂植物。例如容易开出醒目花朵的
植物，美丽的观叶植物以及自然垂吊型植物等都是不错的选择。

三色堇

我们将花径较小的三色紫罗
兰称为三色堇。三色堇色彩丰富
明媚，非常适合用于混栽。

矮牵牛花（卡布奇诺）

矮牵牛花的形状透露着蓬勃
朝气，其花期较长，可以从春天
一直开到秋天。不同品种的花朵
大小和茂密程度都会有所不同。

半枝莲

别名花萤。其细长的花茎尖
端长着形似菊花花蕊的小花，非
常可爱。

白玉草

形似吊钟的白花及带斑的
可爱小花同古色古香的花盆非常
搭配。

屈曲花

白色的小花朵们紧紧抱在一
起，打造出一个个圆乎乎的花球。
一部分屈曲花属于宿根植物，每
年都能够绽放出美丽的花朵。

帚石南

外形纤长，属常绿乔木。在
混栽的时候，可以利用其向四周
衍生的属性，将其栽种在最外围。

鼠尾草

因花期较长而极具存在感，
但却不会因此而掩盖住混栽在一
起的其他花草的魅力。

兔尾草

名字的由来同狗尾草有异曲
同工之妙。其飘逸的花穗给死板
的花盆带来青春的律动与欢快。

火焰狼尾草

细长的花穗上长着红茶色的
斑纹，丛生，给人以繁茂的印
象。花果期在初秋。

轮叶景天

垂感较好的多肉性宿根植
物。叶子可爱玲珑，到了秋季会
逐渐变红，并开出粉红色花朵。

紫玄月

紫玄月叶子呈饱满状，自然
向下垂吊生长。到了秋季，叶子
会逐渐变红。

万年草白覆轮

又名姬笹。其粉绿色的细叶
极具美感。花期为 5~6 月，会
开出可爱的黄色小花。

花盆的装饰方法

有很多人虽然想打造吊挂式花篮，但却苦于不知道如何具体操作。接下来，让我们一起借鉴园艺达人的操作方法吧。

固定挂钩

这个案例中，造园者将挂钩拧在了木质栅栏上。如此一来，挂钩本身的风格和造型，大大地改变了花园的整体氛围。

这个案例中，造园者用钉子把挂钩固定在柱子上。这样挂钩非常牢固，能够较好地承受吊挂篮花的重量。如果自己家里也具备同样条件的话，不妨试一试哟。

这个案例中，造园者采用了粘贴式的挂钩。这种方法操作简单，只需将挂钩粘贴在瓷砖墙面上即可。但是也存在不足，即承重力较差，仅能用于吊挂较轻的花篮。

想办法将挂钩固定起来

上图中的花盆，其两侧都有凹陷处，可以按照上述方法在其两侧分别固定一个挂钩。

如果花盆自带的挂钩难以直接利用的话，可以考虑借助其他种类的挂钩，将其组合利用。

利用铁丝和挂钩的搭配来固定花篮。

搭建花架用于摆放盆栽

如果认为吊挂式花篮难以固定，我们还可以搭建一个花架用来摆放各种盆栽。

吊挂式收纳袋形状的篮子也值得利用。首先将椰子纤维铺在篮子里垫底，再栽种花草。这样的栽种方式，能够最大限度地节省空间。

如果直接将花盆吊挂在网格栅栏上，花园的整体景致将丧失一些幽深感。为了解决这一问题，可以给吊挂式的花篮打造一个专属花台。

材料的循环使用

为了实现花园的可持续打造，混栽植物和吊挂植物达人尽最大的努力循环使用所有具备利用价值的材料。

花草

花盆经过改造后会残留一部分花草，如果能够精心打理它们，它们会回馈我们美丽，继续装点花盆。当然，后续的养护工作也是非常重要的。

在移植植物的时候，需要在花盆内的泥土中添加防根腐药剂、防虫剂和有机肥料，并使它们同泥土充分混合。

将残留着新芽的植物根株放在发根剂中浸泡大约30分钟，然后将其整体移栽到花盆里。

....

泥土

虽然并非所有的泥土都能够二次利用，但我们仍然可以挑选其中一部分状态较好的泥土，循环使用。

花盆经过改造后也会残留一部分泥土，我们首先需要将混在其中的植物残根和其他石子取出。

向土里加入硅酸盐白土并使其充分混合，天气允许的话，应该将其移到光照充足的地方充分地接受太阳的照射。恰逢盛夏时节的话，只需一周左右的时间便足够了。

P.2～3 的作品制作 /Toshiko Hamano Mitsuko Takuma Tomomi Horikoshi

图书在版编目（CIP）数据

小空间花园设计 / 日本朝日新闻出版社编；金阳译. —长沙：湖南科学技术出版社，2021.6
ISBN 978-7-5710-0752-2

Ⅰ. ①小… Ⅱ. ①日… ②金… Ⅲ. ①观赏园艺 Ⅳ. ①S68

中国版本图书馆 CIP 数据核字(2020)第 181352 号

XIAO KONGJIAN HUAYUAN SHEJI
小空间花园设计

编　者：日本朝日新闻出版社
译　者：金　阳
责任编辑：杨　旻　李　霞
封面设计：周　洋
责任美编：刘　谊
出版发行：湖南科学技术出版社
社　　址：长沙市湘雅路 276 号
网　　址：http://www.hnstp.com
湖南科学技术出版社天猫旗舰店网址：
　　　http://hnkjcbs.tmall.com
邮购联系：本社直销科 0731-84375808

印　　刷：长沙三仁包装有限公司
　　　　（印装质量问题请直接与本厂联系）
厂　　址：长沙市宁乡高新区泉洲北路 98 号
邮　　编：410604
版　　次：2021 年 6 月第 1 版
印　　次：2021 年 6 月第 1 次印刷
开　　本：889mm×1194mm　1/16
印　　张：10.25
字　　数：220 千字
书　　号：ISBN 978-7-5710-0752-2
定　　价：68.00 元